目　　次

第１章　概説

１．１　全員参加

１．２　ステップ展開

１．３　見える化

（１）活動板

（２）ミーティング

（３）ワンポイントレッスンの作成

第２章　TPM の深化と進化

２．１　TPM の深化と進化の体系図

２．２　TPM の深化

（１）個別改善

（２）自主保全

（３）自主保全と計画保全による２保全の連携

（４）３保全の連携

（５）４保全の連携

２．３　TPM の進化

（１）PFD の基本コンセプト

（２）PFD の構成

２．４　DMS の進め方

（１）段替え改善

（２）DMS の進め方

２．５　PMS の進め方

（１）設備故障ゼロ活動

（２）品質不良ゼロ活動

第３章　今後への展望

◇事例集

まえがき

公益社団法人 日本プラントメンテナンス協会が提唱している TPM（全員参加の生産保全）は、1961 年頃「PM 研究会」として日本能率協会でスタートしたのが始まりである。爾来、時代とともに変化し改訂され現在に至っている。近年、IT 化の時代を迎え世の中が大きく変貌している中で TPM をどのように時代にマッチしたものにしていくかが課題となっている。

この時代の要求に応えるために、従来から脈々と続いている「TPM の考え方と進め方」をもう一度見直し、変えてはならないものと変えるべきものに分け、変えるべきものについて大胆に変えて編集したものが本書である。主題は「アドバンスドーTPM の考え方・進め方」、副題を〈－TPM と TPS の融合による TPM の進化と深化－〉とした。

第 1 章では TPM の考え方の基本となる思想を概説した。第 2 章では従来の TPM の各種手法を見直して必要事項の追加補強を行い、これを「TPM の深化」と名付けた。更に、TPM と TPS（トヨタ生産方式）を融合させ新しい概念を作り具体化し、これを「TPM の進化」と名付けた。第 3 章では IT 化に対応するために現在までに行ってきた事例の紹介と今後の取り組むべき課題についてまとめた。

執筆に当って留意した点としては、

① 経営トップより与えられた目標値を、工場では部、課、係そして PM サークルの目標値に分割され、それぞれが目標達成のための改善活動を行い成果を出していく。この繋がりを上手に行うにはどうしたらよいかということを実証実験して図表で繋げた。

② 本文中に掲載した帳票類は全て現場で使用されている。
資料提供：タカオカ化成工業株式会社 ⇒ 装置産業と加工組立産業の併用
日鉄住金ドラム株式会社 ⇒ 装置産業

③ 現場の PM サークルの人達がそのまま使用できる帳票とした。

④ 現場で発生している問題点をどのようにして発見しそれを改善していくのか、その手順を示し現場力向上に役立つように工夫した。

以上が本書の特色である。読むだけでなく、是非共活用し成果を上げられれば幸甚である。

最後に、資料提供に全面的に協力してくださったタカオカ化成工業株式会社 元社長 東原 隆 様、日鉄住金ドラム株式会社 元社長 小原 知実 様、そして両社関係者の皆さまに深甚なる謝意を表するものであります。

第１章　概説

TPM は「人と設備の体質を改善することによって工場原価を下げる」ことを目的として開発された手法である。具体的には、《ものづくり》に潜在するロス（ムリ、ムラ、ムダ）を見つけ徹底的に改善してそのロスをゼロにするだけでなく、そのゼロ状態を維持・継続するための手法である。この手法の特徴は「全員参加」と「ステップ展開」である。

１．１　全員参加

ものづくりの究極の姿は、「作るところ」と「売るところ」となる。倒産寸前の会社はこの２部門になることは周知の事実である。従って生産と販売に携わる社員をその他の部署の社員は徹底的にサポートしなければならない。これは取りも直さず、「現場力の向上」と「販売力の向上」につながるということで、全員参加の本来の意味は、全員が生産と販売にどのように関わるかということである。

１．２　ステップ展開

TPM の特徴の２つめは、８本のピラー（個別改善、自主保全、計画保全、品質保全、開発管理、教育及び訓練、管理間接部門、安全・衛生・環境）全てで行われる改善活動が、ステップ展開で進められることである。昔は各職場にオーソリティといわれる人がいたが、その人の技術の伝承が正しく行われないと、その技術は一代限りのものとなってしまう。

TPM では技術の伝承を正しく行うため、ステップ展開を行うように作られている。そして、その８本のピラーがお互いに協力し合って生産活動を行ない、現場力の向上を図っているのである。８本のピラーは目指す姿を共有して活動を進めていく。

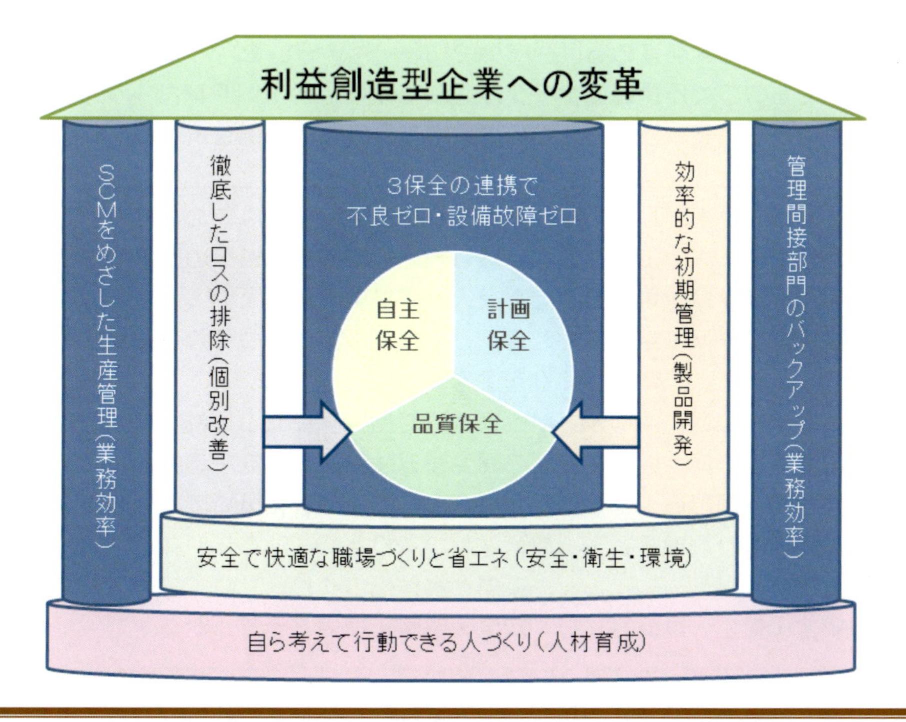

１．３　見える化

TPM の２大特徴について述べたが、この実現のために欠かせないのがＴＰＭ活動の「見える化」である。TPM 活動を行った結果、成果が出たかどうか、その成果はどのような過程を経て実現できたのか、この２点について全員が常に情報を共有することで更なる改善へと繋げることが可能となる。

ＴＰＭ活動を継続して成果を出し続けるためには、過去から現在までの改善成果が判り、今後何をなすべきかを明確に知ることが不可欠であるが、それを全員が理解し納得するため、活動板、ミーティング、ワンポイントレッスン（略して OPL という）の３つの道具が必要である。

（１）活動板

活動板には、会社の経営方針から始まり、これを受けて８本のピラー（個別改善、自主保全、計画保全、品質保全、開発管理、教育及び訓練、管理間接部門、安全・衛生・環境）の活動方針とその目指す目標値（PLAN）が示され、その目標値達成のための課題と課題を解決するための手順が示されている。そして、示された手法を用いて改善が行われ（DO）、その活動結果をグラフ化して一目で判る（CHECK）ようになっている。改善活動の結果が目標に届いていない場合、更なる改善を行うための具体的項目（ACTION）も示している。

活動板では、単なる結果を示すのではなく、絶えず新鮮なデータを示し、速やかに PDCA のサークルをまわして全員参加による継続的なレベルアップが求められることから、改善活動の成果を全員が正しく共有すること必要であり、文字をできるだけ減らし、イラストや図表で表して見せる化した活動板とすることが望ましい。

活動板は、(ⅰ)会社の活動方針とその進捗を全社的に総括する[マネージメントボード]と、(ⅱ)[マネージメントボード]を受け８本のピラー（個別改善、自主保全、計画保全、品質保全、開発管理、教育および訓練、管理間接部門、安全・衛生・環境）で取り組む活動を進める[セッションボード]、そして、(ⅲ)[セッションボード]と連携してものづくり現場でサークル活動で取り組む(ⅳ)[ＰＭサークルボード]、が連動して構成される。各々の活動板の作り方と具体的事例を示す。

【用語解説 NO.1】ＴＰＭの８本のピラーとその役割は次のとおりである。

○個別改善ＦＩ：工場コストに最も大きく影響するロスの改善
○自主保全ＡＭ：現場力の向上→人・作業中心
○計画保全ＰＭ：自主保全と連携して自主保全体制づくりと設備故障ゼロ体制づくりを主導
○品質保全ＱＭ：ＡＭ＆ＰＭと連携して品質不良ゼロ体制づくりを主導
○開発管理ＤＭ：製品・設備の開発管理体制づくりを主導
○管理間接部門ＯＩ：８本ピラー全部に関係→巻紙分析で業務改善
○教育および訓練Ｅ＆Ｔ：教育体制づくりと OJT&OffJT による教育を主導→道場と実習場づくり
○安全・衛生・環境ＳＨＥ：安全・健康・環境トラブルゼロ

1）マネージメントボード

ＴＰＭを全社的活動として位置付け、継続的に推進するためには、その骨格を明確に示し、全員が共通認識を持って取り組むことが必要である。めざす姿を見える化したものが図１の「マネージメントボード」である。

「マネージメントボード」には、会社の経営方針から始まって経営指標（KMI）と成果指標（KPI）およびそれを改善するための活動指標（KAI）を示す。

図１　マネージメントボード

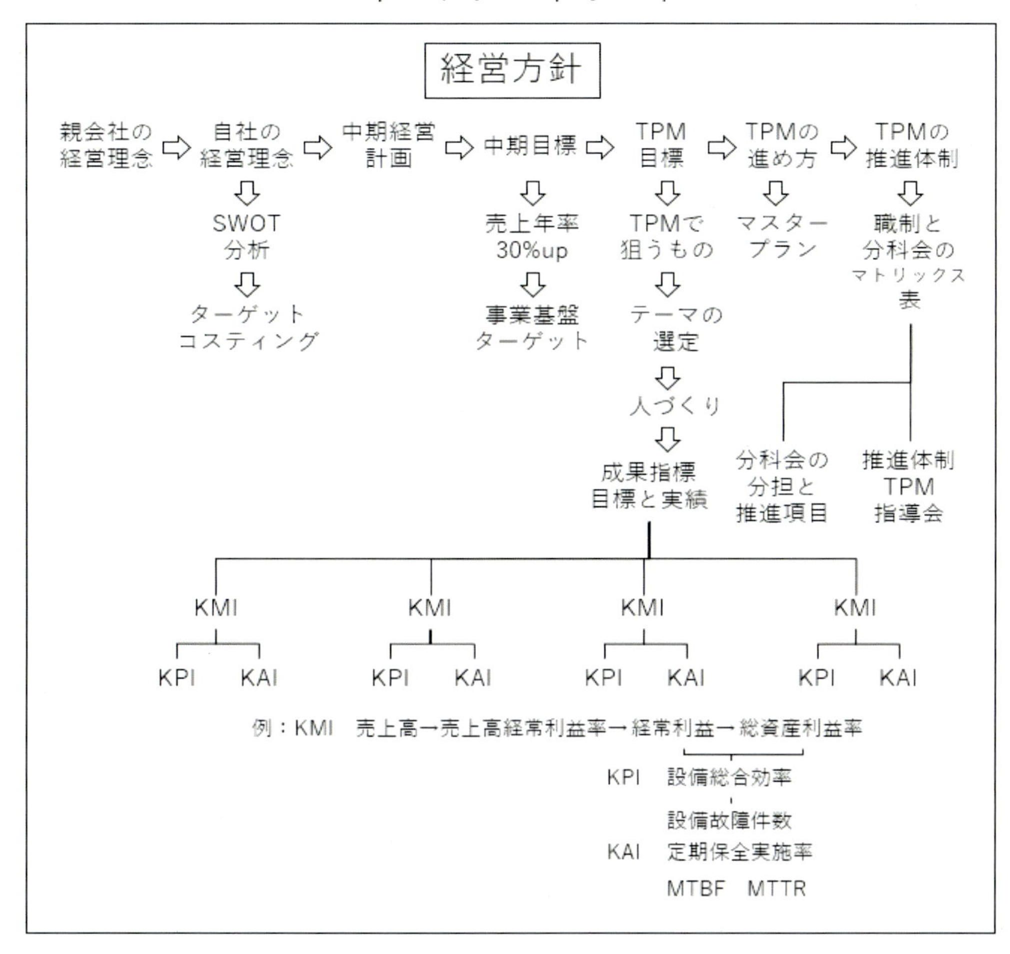

【用語解説 NO.2】ＴＰＭ活動には次の成果指標を用いる。

ＫＭＩ（会社全体を評価する項目）

売上高，利益，原価率，棚卸資産回転率，等

ＫＰＩ（活動の結果を評価する項目）

設備故障件数，トラブル件数，仕損費，等

ＫＡＩ（活動の取り組みを評価する項目）

活動時間，点検時間，エフ付け件数，改善件数，等

２）セッションボード

マネージメントボードを受け、８本のピラーそれぞれが各々果たすべき役割をブレークダウンした取組内容、取組方法をアクションプランとして見える化したものである。

各ピラーのセッションボードは、（ⅰ）個別改善、（ⅱ）自主保全、の２つで構成されており、それぞれＳＴＥＰ展開で活動の進捗を見える化した内容となっている。

①個別改善

Ａ）個別改善活動板

図２　　　個別改善活動板のStep展開

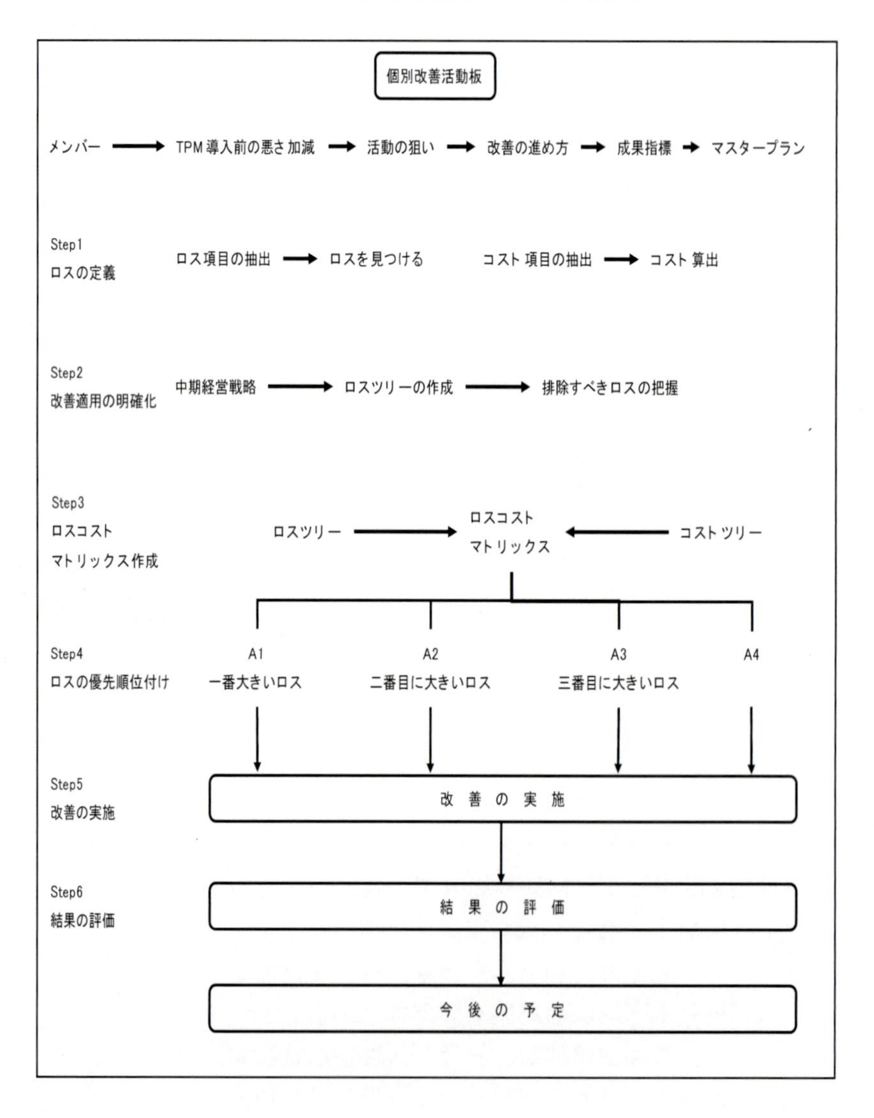

B）ロス削減活動板

この活動版は、前項A）個別改善活動板に示されたフローのStep5〈改善の実施〉を展開するために用いる活動板である。対象ロスをStep展開で徹底的に削減する。

図３　ロス削減活動のステップ展開

ロス削減活動板		
	P D C A	指　標
Step1 モデル設備・ライン・工程設定		
Step2 プロジェクトチーム編成		
Step3 現状ロスの把握		
Step4 改善テーマと目標の設定		
Step5 改善計画の立案		
Step6 解析及び対策の立案・評価		
Step7 改善の実施		
Step8 効果の確認		
Step9 歯止め		
Step10 水平展開 （網羅的改善・プチ改善）		

②自主保全活動板

この活動版は、自主保全のＳＴＥＰ展開をするために用いる活動板である。

図４　　自主保全活動の Step 展開

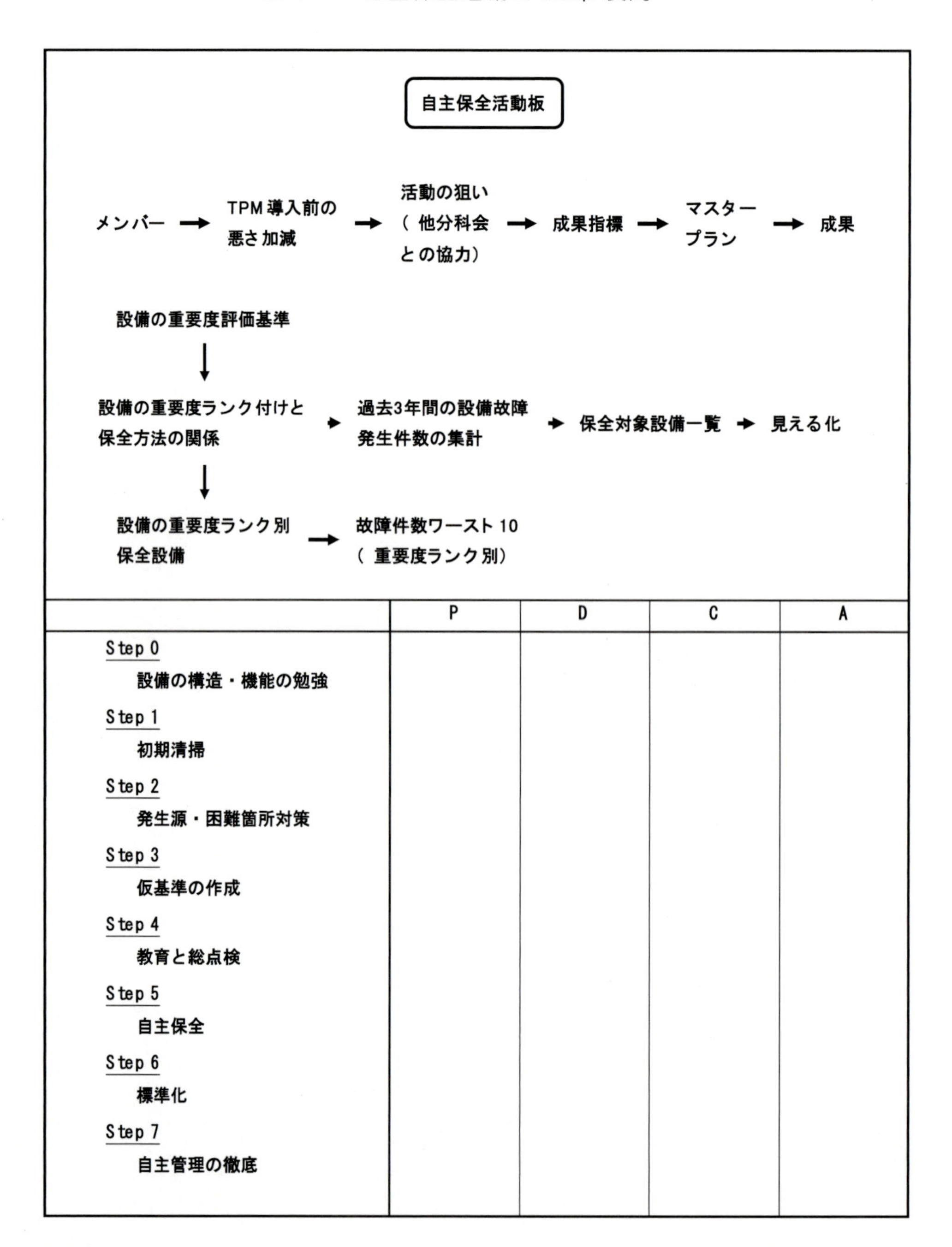

3）ＰＭサークル活動板

現場に掲示されているもので、一般的に個別改善と自主保全が対象となる。縦軸が TPM のステップ展開、横軸にはその PDCA が示されている。それぞれのステップに管理目標値と結果が示されている。

①個別改善活動板

図５　ＰＭサークルで進める個別改善活動

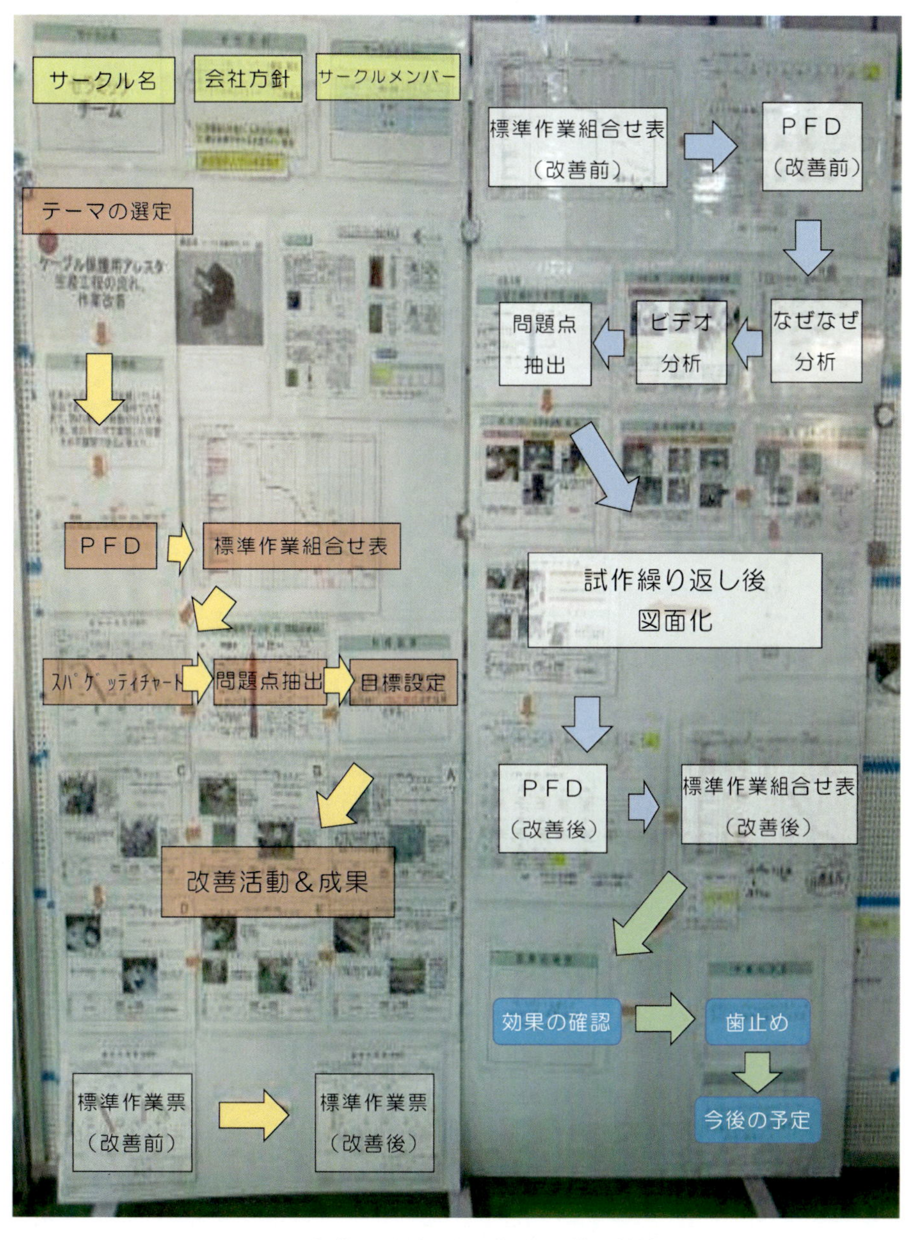

出典：タカオカ化成工業（株）

②自主保全活動板

現場の自主保全活動は、オペレーターが「自分の設備は自分で守る」という意識のもと、保有する設備の中から優先順位付を行って対象設備を選択して、自主保全責任の設備故障ゼロを目指して活動を進める。

図6　　PMサークルで展開する自主保全活動

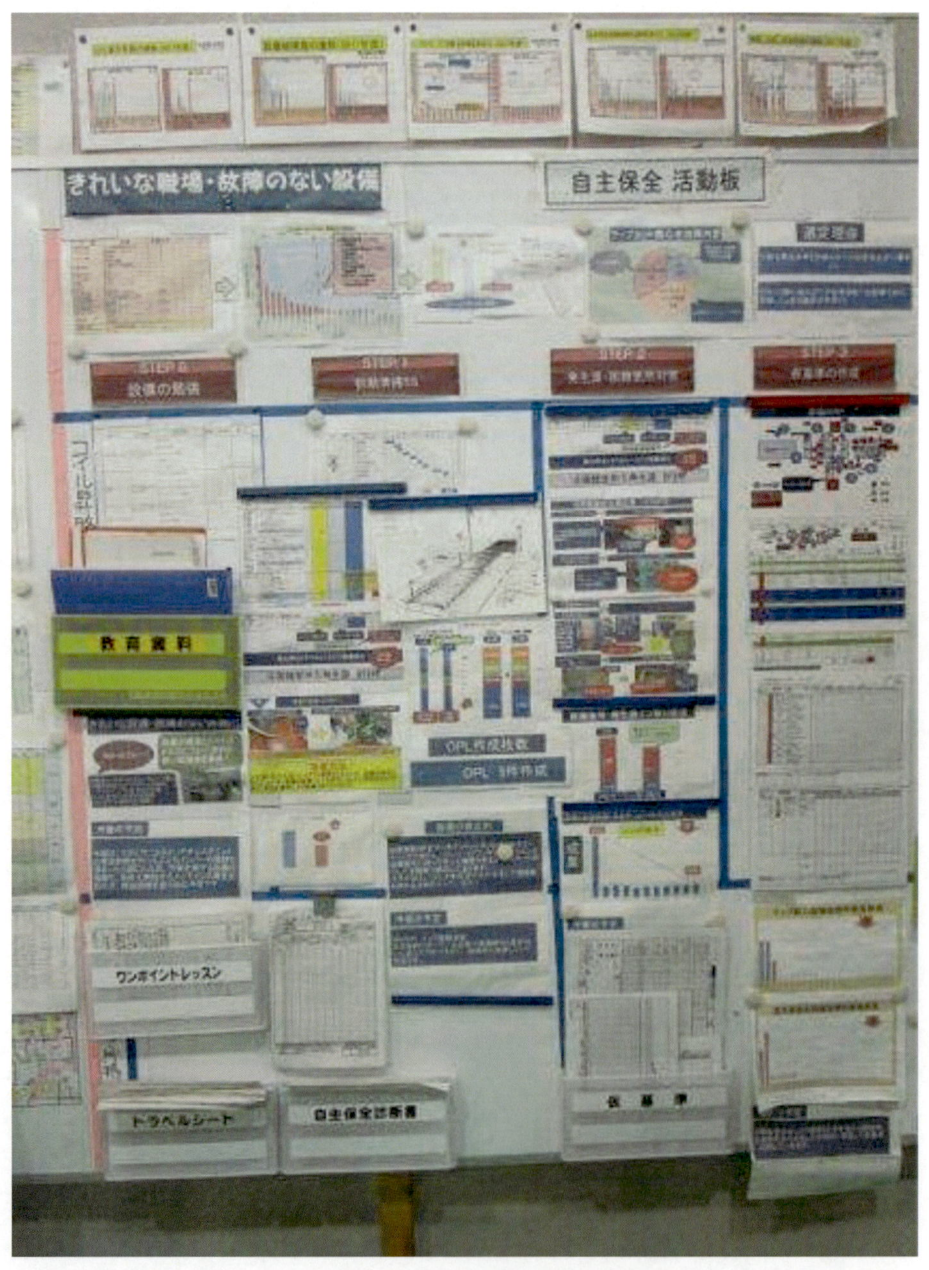

出典：タカオカ化成工業（株）

4）KMI-KPI-KAI のつながり

活動板を作成した最終の目的は、経営指標である KMI と現場の KPI や KAI がどのように繋がっていているのかを[見える化]することである。

例えば、品質不良品が大量に生産された場合、あるいは設備が故障して長時間工場が停止した場合、直ちにアクションが取られるが、それが KMI にどう影響したのかが分からないことが多い。これでは現場と経営のコミュニケーションが不足していると言わざるを得ず、取られたアクションが最適だったのか不明のままであり、次に似た問題が発生した場合に最適なアクションが取れない可能性が残ったままとなってしまう。

これを防ぐため、KMI-KPI-KAI のつながりを示す一覧表を作成するとよい。以下に事例を示す。

図7　KMI-KPI-KAI の関連性チェックシート
◎強い関連性あり
○関連性あり

KMI						KPI			KAI																
									FI 個別改善		AM 自主保全				PM 計画保全			QM 品質保全		DM 開発管理		E&T 教育訓練	OI 事務改善		SHE 安全衛生環境
売上高	経常利益	売上高経常利益率	総資産利益率	新製品比率	納期調整率			KPI	改善件数	改善テーマ件数	発生源対策件数	清掃・点検・給油困難箇所対策件数	エフ付エフ取り件数	OPL作成件数	定期保全実施率	OPL作成件数	保全技能士獲得者数	不良損失額	クレーム損失額	開発基準の見直し件数	開発案件の設備化件数	公的資格取得数	エフ付エフ取り件数	改善件数	リスクアセスメント実施件数
	○	○	○			P	生産	設備総合効率（OEE）	◎	◎	○	○	○	○	○	○	○			○	○				
	○	○	○					生産性	◎	◎	○	○	○	○	○	○	○			○	○				
			○					設備故障件数	○	○	○	○	○	○	◎		◎			○	○	○			
			○					MTBF				◎	○	○	◎		◎			○	○				
			○					MTTR				◎	○	○						○	○				
○	○	○	○					省力化工数	○														◎	◎	
○	○	○				Q	品質	クレーム件数										◎	◎						
		○						工場内不良率			○	○						◎							
		○						仕掛仕損品			○	○						◎							
○				○	○			お客様満足度	○									◎	◎					○	
	○	○	○			C	コスト	資材ロス	◎	◎								○	○						
	○	○	○					資料ロス	◎	◎								○	○						
	○	○	○					エネルギーロス	◎	◎	○	○	○	○	○	○		○	○						
○	○				○	D	納期	納期遅延件数														○			
○	○				○			納期調整件数	○	○	○	○	○	○	○		○								
		○				S	安全	休業災害件数														○			◎
		○						不休災害件数														○			◎
		○				M	モラル	改善提案数率	○	○												○	○	○	
		○		○				発明改善件数	○	○												○			
		○				E	環境	省エネルギー			○	○	○	○	○	○		○	○						
○	○	○						環境事故件数														○			○

KMIに対する代表的なKPI、KAIは、P（生産）、Q（品質）、C（コスト）、D（納期）、S（安全）、M（モラール）、E（環境）にまとめて管理。

図８　ＫＭＩとＰ－Ｑ－Ｃ－Ｄ－Ｓ－Ｍ－Ｅとの関連付け

KMI	売上高 新商品・新顧客の売上高比率	売上高経常利益率 外販の売上高比率	経常利益	製造原価率	外販の製造原価率	総資産利益率（ROA） 棚卸資産回転率
P	開発案件の製品化率			設備総合効率 設備故障件数		
Q		クレーム件数	仕損費売上高比率	工程内不良件数		
C	開発期間効率	製造原価率	設備保全費 クレーム仕損費 工程内不良仕損費	総ロス発生金額	製造原価率	原材料在庫金額
D		納期遵守率		生産リードタイム		
S	リスクアセスメント実施件数		労働災害件数			
M	発明改善件数		自主保全士取得人数	教育提案件数		
E			エネルギー原単位	産業廃棄物		

【用語解説 NO.3】P-Q-C-D-S-M-Eとは？

P；生産性：設備が止まらず生産性が向上

Q；品　質：不良やクレームがなく仕損費が減少

C；原　価：作業改善によって製品原価が低減

D；納　期：リードタイムが短縮され納期も遵守

S；安　全：休業・不休業災害がゼロを継続

M；モラール：改善提案や資格取得に対する士気が向上

E；環　境：使用電力や産業廃棄物など環境負荷が低減

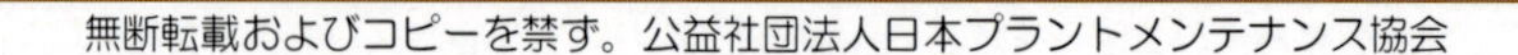

図９　　　　KMI-KPI の関連図

（A）売上高を中心とした関連図

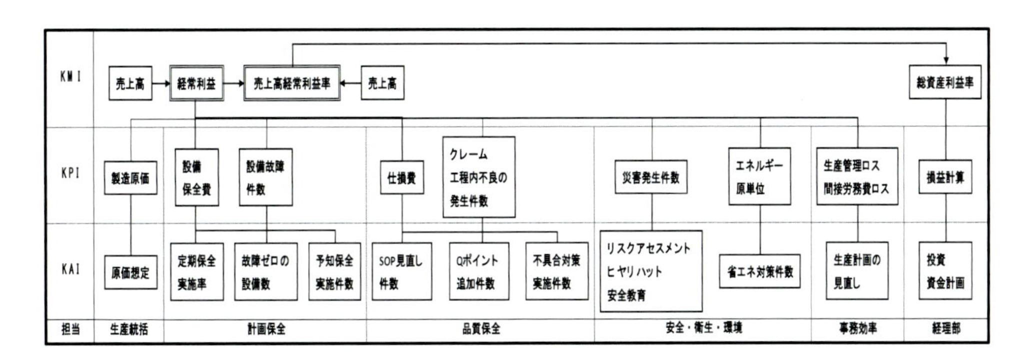

（B）経常利益を中心とした関連図

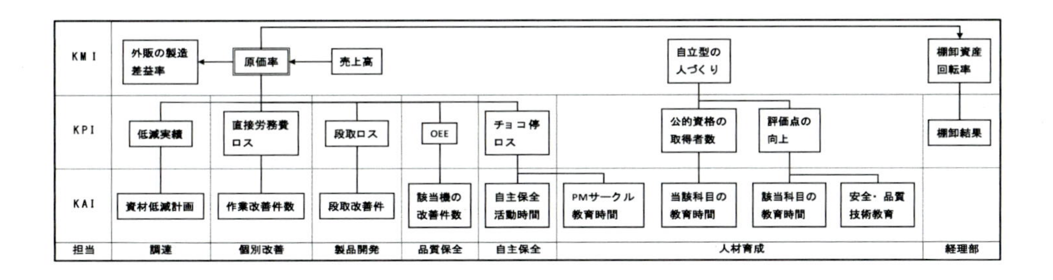

（C）原価率を中心とした関連図

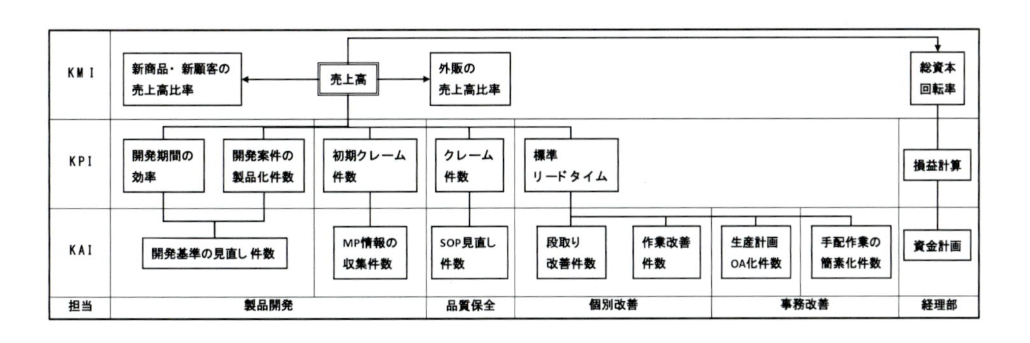

（２）ミーティング

毎日活動板の前で関係者が集まり、前日の問題点について決めた対策内容の成果発表とまとめを行う。そして本日の対策内容と担当者を決めて、30 分程度、長くても 1 時間程度で解散するようにし、全員が問題点を共有すると同時にコミュニケーションの場とする。

（３）ワンポイントレッスンの作成

活動板を利用してミーティングを行い、問題点を発見し、改善し、対策の取れたものおよび各職場で取った改善内容等々をまとめて A4 シート 1 枚にその内容を記述しまとめておく。これは教育資料や SOP の改訂等に活用する。

図１０　ワンポイントレッスン

ワンポイントレッスン（基礎,作業手順・改善事例・トラブル事例）

テーマ	PDUコイル反転方法の改善			No.	21-OPL2-7009
職場	変圧器	工程名	LT注型	作業名	コイル反転

原理, 原則, 作業手順・改善事例・トラブル事例 ／ ポイント

今回PDUコイル外周絶縁テープの破れがお客様の所で見つかった！

何故破れるか？

加工のコイル反転時にナイロンスリングで絞る作業の時にテープがスリングと擦れて破れが発生していることが分かった！

コイルを寝起こしする際はスリングを片側のみにて作業するため片側の外周上下に破れが発生！

対策はどうした！

ナイロンスリングを切り込みに挟み上下で使用(外側2個)することでスリングとテープが擦れ破れることが無くなった

上下2か所に当て板を使用してスリングを切り込みに入れて使用！

【区分】
a.作業要領　b.品質　c.保全　d.安全・衛生　e.2S　f.その他

【ねらい】
a.新入社員教育　b.チーム内スキルアップ　c.標準化　d.その他

承認	作成	登録

出典：タカオカ化成工業（株）

以上の３点を TPM では三種の神器としている。

第２章　TPM の《深化》と《進化》

TPM は 1962 年に中嶋精一氏により紹介された米国海軍（NAVY）の保守指示書（インストラクション）の概念により導入されたと言われているが定かではない。

実は、1924 年に豊田佐吉翁によって発明された G 型自動織機では、マニュアル化された機械の手入れ（現在のメンテナンスにあたる）を既に行っていたという実話をトヨタ産業技術記念館（愛知県名古屋市）で聞いたことからすると、日本固有のものであるかもしれない。その後改良を重ねて今日の姿になったが、さらなる改善を進めるため、下記の視点でアプローチする。

アプローチ１：TPM を《深化》させる

TPM は８本のピラーで活動を進めるが､各ピラーが互いに密接に協力して深堀することで深化させることができる。それは、自主保全と計画保全を行う２保全、それに品質保全を加えた３保全､更に開発管理を加えた４保全を行っていくことを意味する。個々のピラーについては、現在の手法を深堀する。

アプローチ２：TPM に TPS（トヨタ生産方式）を融合させ《進化》させる

TPM は人と設備の体質を変えることに重点が置かれていることに対して、TPS はもの・製品の流れが中心となり改善を図っている。TPM の《進化》とは、この２つを融合させることで更なるステップアップを目指す。

この《進化》の基本概念を図 11 の家に例えれば、コンクリートの基礎の部分が TPM である。そのコンクリートが厚ければ厚いほど頑丈でより高い家が建てられる。つまり、高い家を建てようと思えば、TPM で人と設備の体質を改善し、基礎のコンクリートを強固で必要な厚さにしなければならない。図１１では、TPM で築いた強靭な基礎の上に、一本は自働化、もう一本はジャストインタイム（JIT）の２本の柱を立てている。丈夫で高い家を建てるためには柱をより太くしなければならないが、この柱を太くするのが TPS であり、ここにＴＰＭとＴＰＳの融合が求められる。

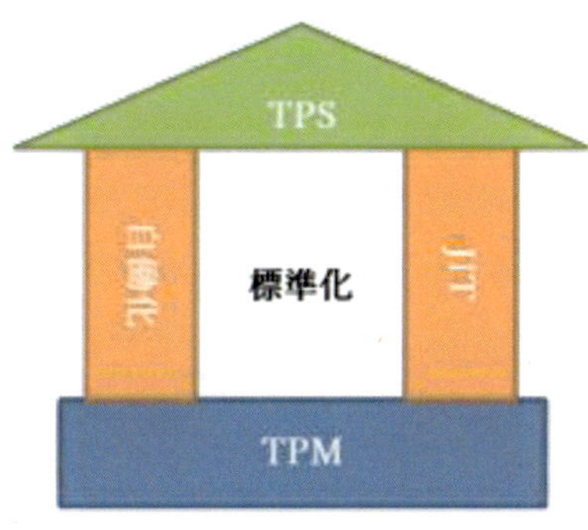

図 11　ＴＰＭの進化

【用語解説 NO.4】自働化と JIT

設備に異常があったら直ちに止まり、異常があっても製品に何ら影響を与えない仕組みである。JIT とは、必要なものを、必要な時に、必要なだけお客さまに供給する仕組みである。ここでお客さまとは単にユーザーを意味するだけではなく、ものの流れでいえば後工程がお客さまである。つまり、TPS は自分の工程が後の工程のお客さまに対し、JIT で良品を供給するための仕組みであり、この仕組みを自工程完結型生産方式と名付けている。この自働化と JIT によって 100%良品の生産が可能になるが、それを継続するために２本の柱の間に標準化があり、自働化と JIT そして標準化が TPS の根幹をなしている。

2．1　TPM の深化と進化の体系図

TPM は徹底したロスの改善で前述したような 8 本柱が中心に組み込まれている。これに新しく TPS によるリードタイムの極限追求という考え方を導入した。体系図にまとめると次の通りである。

図１２　　　ＴＰＭの深化と進化の体系図

TPM
＋
TPS
【進化】

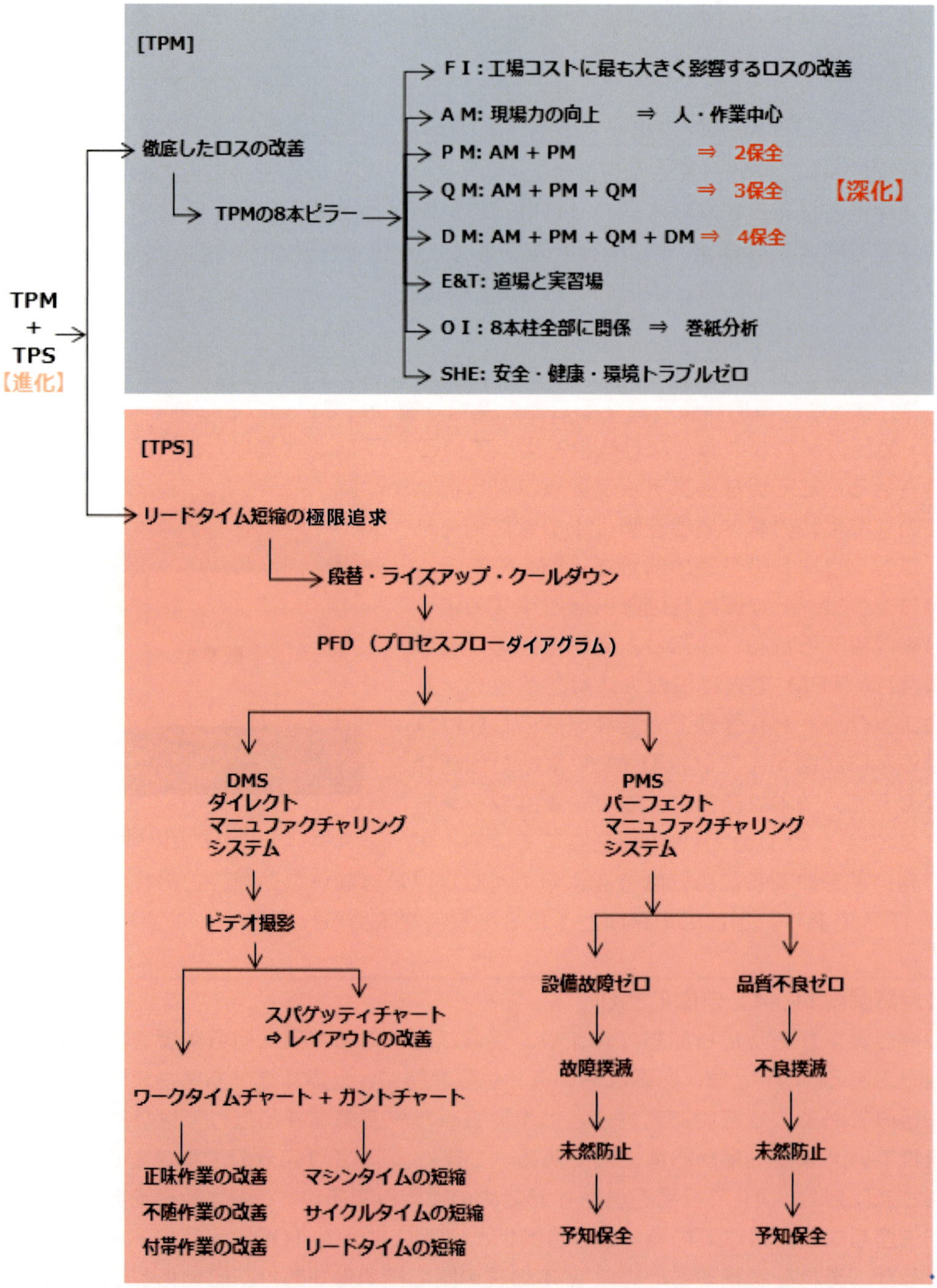

[TPM]

- 徹底したロスの改善
  - TPMの8本ピラー
    - F I：工場コストに最も大きく影響するロスの改善
    - A M: 現場力の向上　⇒　人・作業中心
    - P M: AM + PM　⇒　2保全
    - Q M: AM + PM + QM　⇒　3保全　【深化】
    - D M: AM + PM + QM + DM ⇒　4保全
    - E&T: 道場と実習場
    - O I：8本柱全部に関係　⇒　巻紙分析
    - SHE: 安全・健康・環境トラブルゼロ

[TPS]

- リードタイム短縮の極限追求
  - 段替・ライズアップ・クールダウン
  - ↓
  - PFD（プロセスフローダイアグラム）
    - DMS ダイレクト マニュファクチャリング システム
      - ↓ ビデオ撮影
        - スパゲッティチャート ⇒ レイアウトの改善
        - ワークタイムチャート＋ガントチャート
          - 正味作業の改善／不随作業の改善／付帯作業の改善
          - マシンタイムの短縮／サイクルタイムの短縮／リードタイムの短縮
    - PMS パーフェクト マニュファクチャリング システム
      - 設備故障ゼロ → 故障撲滅 → 未然防止 → 予知保全
      - 品質不良ゼロ → 不良撲滅 → 未然防止 → 予知保全

2．2　TPM の深化

ここからは TPM の深化について、具体的な内容を解説する。

（1）個別改善

ロスコストマトリックスにより工場原価（コスト）に最も大きく影響を与えるロスを見つけ、そのロスを改善する手法が TPM の従来の手法であるが、このロスを工程別に分解し、その値を工場原価で割り算することを考えた。計算式で表すと工程別ロス／工場原価となるが、これは工場原価に占めるロスの最も大きい工程を見つける値となる。これで見つけた工程のロスを改善することは、工場にとって効率的に大きな工場原価の低減をもたらすことから、量の改善と名付けた。

一方、工程内のロスを工程内コストで割り算すると、その工程のコストに占めるロスの割合が求められ、その値の大きい工程から順に改善することが質の面で効率的であることが分かる。これを質の改善と名付けた。

量の改善と質の改善において、一般的に売り上げが伸びている成長期間では量を、売り上げの伸びが困難な期間では質を優先すると、業績への貢献度が高くなりやすいが、工場方針とのすり合わせが求められる。

深化させたロスコストマトリックス表の事例は次の通りである。

表１　　　　深化したロスコストマトリックス表

		コスト項目					ロス金額	工程別ロス			
		主材料費	発送運賃		庶務関連	固定資産		工程 1	工程 2		工程 n
16大ロス	生産原価ロス	15	0		0	0	15	15			0
	生産量ロス										
	生産管理ロス	0	2		1	0	5				1
ロス金額		15	2		1	0	35	15	2		4
ロス/コスト比											
コスト		180	30		2	19	339				
工程別コスト	工程 1	180	0		0	2	196	15/196 7.7%			
	工程 2	0	0		0	2	10		2/10 20%		
	工程 n	0	30		1	1	37				4/37 11%
								15/339 4.4%	2/339 0.6%		4/339 1.1%

質の改善は工程２から

量の改善は工程１から

この表では、最初に行うべき量の改善は工程 1 であることが分かり、質の改善は工程 2 から取り組むことになる。これが個別改善の深化である。

明らかになった取り組むべきロスの削減については、従来のロスコストマトリックスより抽出した項目を改善する方法と同じでよい。

図１３　　　　　ロス削減活動のステップ展開

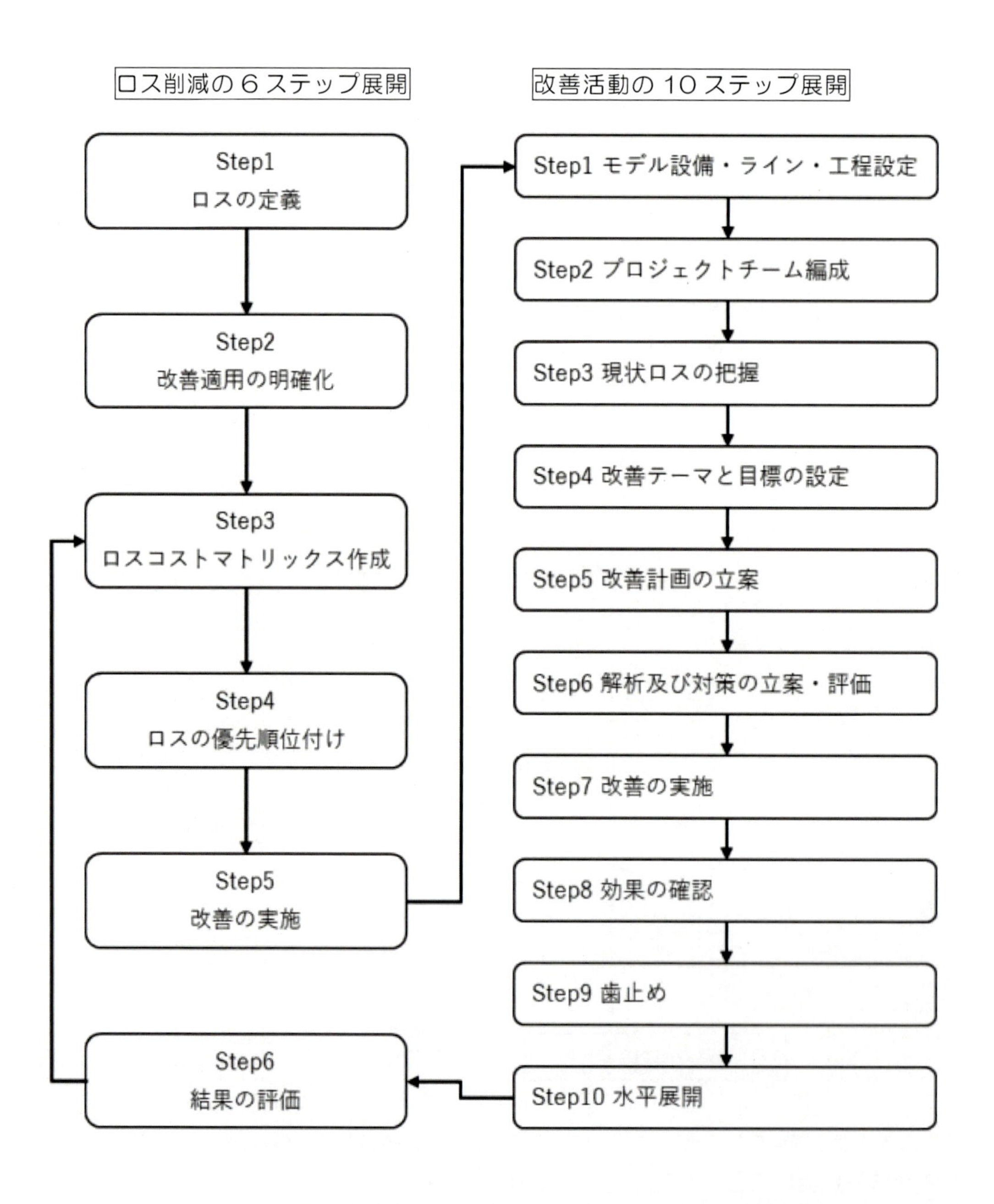

（2）自主保全
一般的には、7つのステップ展開で行われている。

ステップ0	初期清掃の準備	ステップ1	初期清掃
ステップ2	発生源、困難箇所対策	ステップ3	仮基準作成
ステップ4	教育と総点検	ステップ5	自主点検
ステップ6	標準化	ステップ7	自主保全（自主管理の徹底）

しかし、このステップ展開のうち、ステップ0～3をPMサークルのメンバーに一度教えただけでは全く理解されないというケースが多く発生しているのが現状である。そこで自主保全のTPM深化の一つとして、ステップ0～3の3回繰り返しを行う。

図でも示しているが、1回目のステップ展開は現状分析（知ること）である。2回目は問題点を発見し、それを改善し、そして歯止めを行う。3回目は、それを標準化し、誰でも同じようにステップ展開を理解できるようにする。

そして3回目が終了した時点で自分達の理解度をチェックし、合格した場合は上司の審査を受け、ステップ4に進む。

図14　自主保全活動のステップ展開

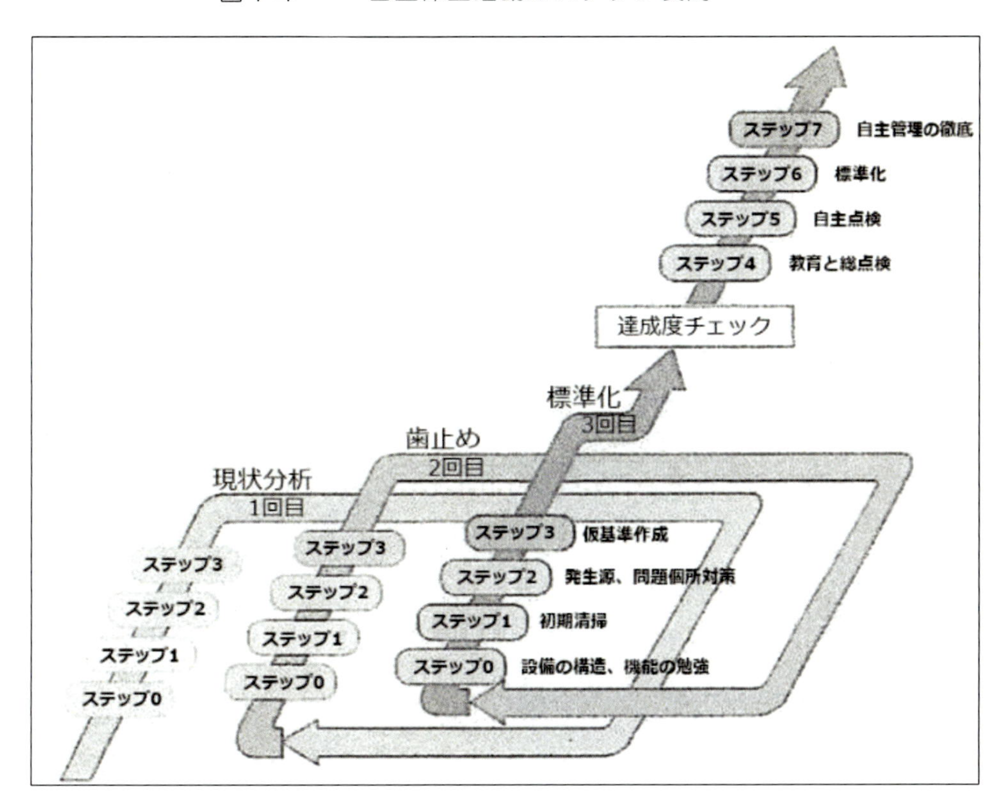

同じく深化の一つとして、ステップ5～7については、後述するPFD（プロセスフローダイヤグラム）を用いて同時に3つのステップ展開を行う。その理由は下記の通りとなる。

(ⅰ)ステップ毎の展開ではPDCAがうまくフィードバックされない。点検項目だけで見直しはできるが標準化ができない

(ⅱ)点検項目を決めてから標準化するのでは二度手間になってしまう

(ⅲ)点検項目を減らしたい作業はステップ7になってしまい、センサー化、単能機化の改善が採用され難い。PFDでは、点検項目をチェックの上、工程管理標準の見直し、点検マニュアルの見直し、そしてSOPの見直しを行い、さらに点検項目によっては点検作業をセンサーに置き換え自動化できないか、設備を単能機化することによって、チェックが容易にならないか、治工具による改善ができないか等、全行程のラインバランスを見える化して効率的に改善が進められる。設備故障ゼロ、品質不良ゼロ、災害ゼロをステップ5で行い、ゼロ化完了後は直ちにステップ6の標準化を行い、その後ステップ7の自主保全を行う。参考に以下の表を示す。

表2　ステップ5～ステップ7の自主保全活動効率化

PFDで行う全行程、全M /Cの点検							
自主保全	工程1	工程2	工程3	工程4 PDCA		工程4' PDCA	
ステップ5 自主点検				機械	① ② ③	機械	新① 新② 新③
				電気	① ② ③	電気	新① 新② 新③
				計装		計装	
				駆動		駆動	
				エネルギー		エネルギー	
ステップ6 標準化				現在使用している ①工程管理標準 ②点検マニュアル ③SOP		改善後の ①新工程管理標準 ②新点検マニュアル ③新SOP	
				現在実施している点検項目を抜き出し、PDCAをまわして改善。設備故障ゼロ、品質不良ゼロ、災害ゼロになるまで繰り返す			
ステップ7 自主保全				①2保全、3保全、4保全で自主保全で行う項目の移管 ②点検項目の削減⇒センサーまたは単能機化 ③現場点検項目の中に品質チェック項目の追加 ④予算管理 ⑤治工具管理 ⑥半製品の仕掛管理⇒在庫管理			

（3）自主保全と計画保全による２保全の連携

従来の TPM では、計画保全の担当者が自主保全の担当者を、設備を中心に教育する自主保全の支援が行われるのみだった。この支援で終わっている状態を改善するため、自主保全で行う点検を２つに分ける。

一つは運転点検で、毎日稼働している設備の運転状況が正常かどうかのチェックである。もう一つは保全点検で、この考え方を新しく追加した。

保全点検は不定期に行うもので、設備の運転状況をチェックし、異常が発見された場合には、トラベルシートにより計画保全に精密点検を依頼する仕組みである。依頼を受けた計画保全担当者は、精密点検を行い、問題が発見された場合には、マシンのシャットダウン時にチェックすべく、シャットダウンメンテナンス表に記載する。これは品質不良に関しても、全く同様に行われる。

図１５　　　　２保全の連携

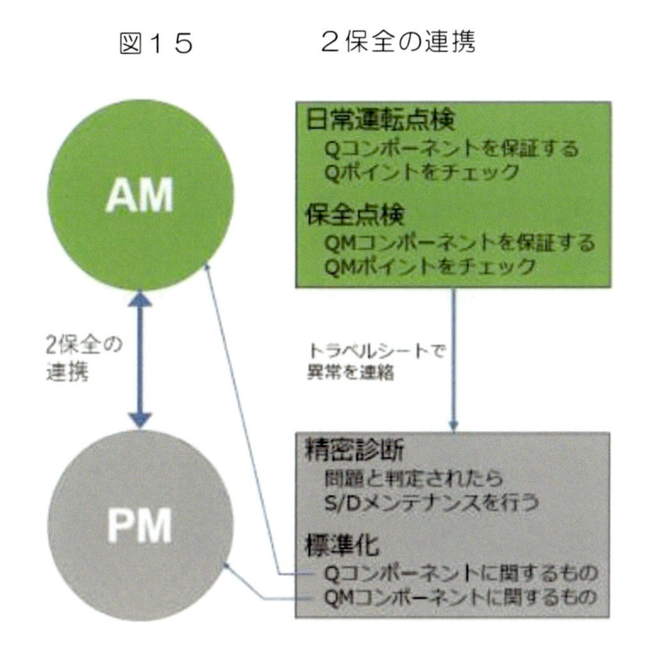

【用語解説 NO.5】工程の流れと PFD

工程とは製品を生産するために必要な「機能」を達成するプロセスである。工程の「機能」「役割」「使用条件」「制約条件」を明確にする。各工程の個々の作業を「正味作業」「付随作業」「付帯作業」に区分してムダを徹底的に排除する。

ＰＦＤとは、生産の工程をフロー図で示したものであり、生産全体の流れを把握するために使用する。工程の流れは「もの」「工程」「品質」「設備」「情報」の流れが組み合わさっており、それを見える化するために、PFD を作成する。

（4）３保全の連携

自主保全(ＡＭ)と計画保全(ＰＭ)の２保全に品質保全(ＱＭ)を加えた３保全の密接な連携は重要である。新商品、新設備が開発管理（DM）により開発されるとその保全を行う仕組みが必要である。それと同時に工程管理標準も作成され、ＱＭに送られる。

これを受けてＱＭでは、工程別、設備別、作業別にＱコンポーネントとＱポイントを決定し、ＰＭとＡＭと連携を取りながら、品質不良ゼロ、設備故障ゼロ、災害ゼロの達成を目指す。それぞれの果たすべき役割は次の通りである。

QM：開発された新商品、新設備の工程管理標準を工程別、M/C 別、そして各工程の作業、で保証すべき品質特性を決める。KPI から来たクレームおよび工程不良をゼロにするための改善（実験、調査）により、工程管理標準の見直しを行い、その結果を PM と AM に Q コンポーネントとして提示する。

PM：QM より提示された Q コンポーネントを、各プロセスと各設備毎に設備故障ゼロ、品質不良ゼロ達成のための QM コンポーネントと QM ポイントを決め、計画保全を実施する。⇒故障ゼロの継続と改善。品質不良ゼロのための設備の精度、性能保証を行う。

AM：QM より提示された Q コンポーネントを各プロセスと設備の作業について SOP を作成、SOP の教育と実施の徹底を図る。Q ポイントで AM 担当の設備と作業においてはチェックする。結果は 2 メンテナンスシステムのルートにのって PM と連携を取る。製造責任設備、品質、安全に関するゼロ化を達成維持と改善。Q ポイントのチェックと異常発生時の PM との連携による対策の実行。

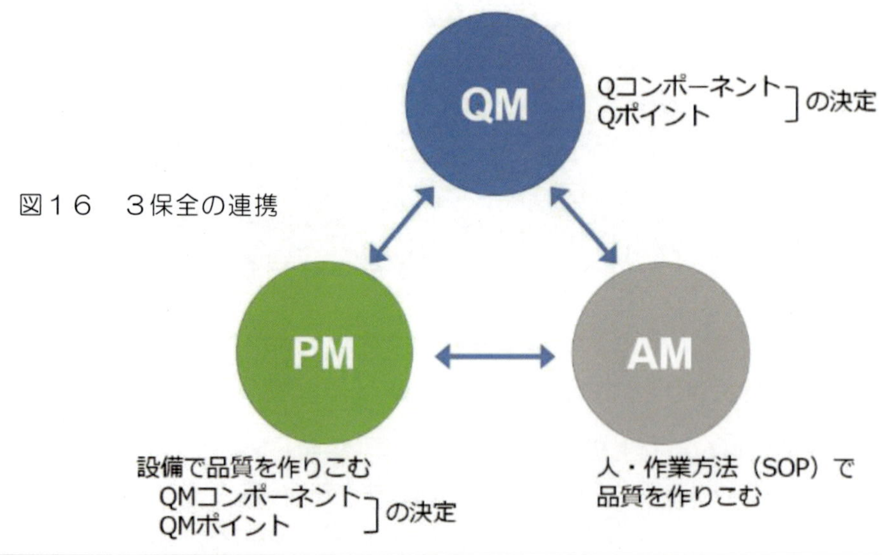

図１６　３保全の連携

［用語解説 NO.6］　SOP とは？

ＳＯＰとは、業務の品質を保持して 均一にするために、その業務の作業や進行上の手順について詳細に記述した指示書である。ＳＯＰに記載すべき事項は、作業の手順およびやってはいけないことであり、Ｑコンポーネントと管理値、そしてＱポイントと確認方法と判断基準を明確化する。

（５）４保全の連携

新商品の開発

営業部門により顧客のニーズを把握してもらい、それを具体化すべく最初に行うことが QFD（Quality Function Deployment：品質機能展開）である。これは企業経営者やマネージャーの最も重要な仕事で、お客様の要望を的確に把握することから始まる。お客様の要望を把握したら、商品企画を始める段階において、お客様の要求品質を商品づくりに反映させ、売れる商品を開発するために QFD を行う。QFD のアウトプットは、目標の明確化、課題の明確化、やるべきことの明確化である。

QFD により開発された新商品、新設備、既存設備の改善・改良では、工程管理標準も作成し、QM に保全を依頼することが開発管理の目的であり、これが４保全である。

これが TPM 深化のコンセプトである。

図１７　４保全の連携

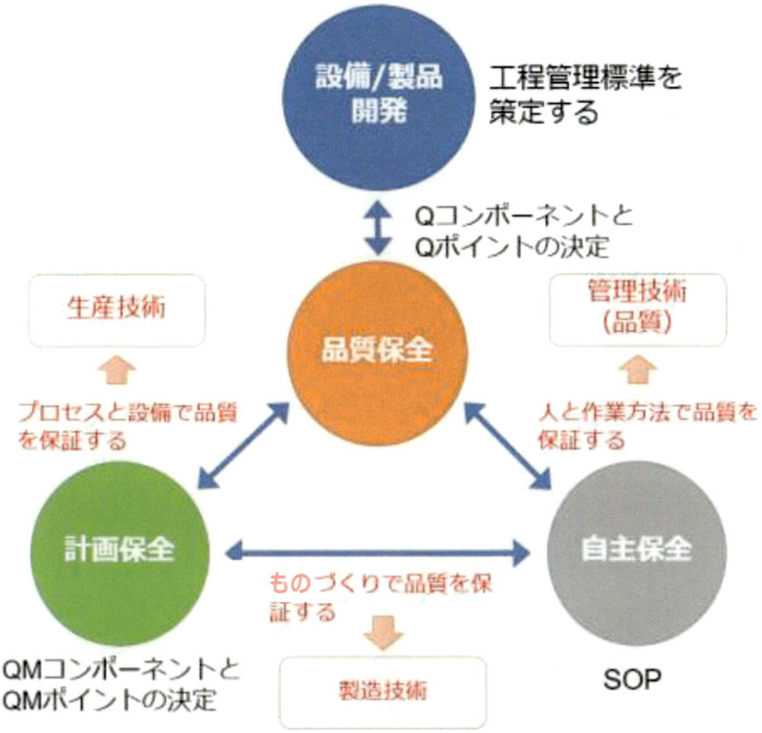

設備/製品開発
工程管理標準を策定する
Qコンポーネントと Qポイントの決定
生産技術
品質保全
管理技術（品質）
プロセスと設備で品質を保証する
人と作業方法で品質を保証する
計画保全
自主保全
ものづくりで品質を保証する
QMコンポーネントと QMポイントの決定
製造技術
SOP

【用語解説 NO.7】Q コンポーネント－QM コンポーネントとは？

Q コンポーネントとQポイント

工程内の作業において、基準を守らないと必ず不良になる項目をQコンポーネントと呼び、守れたことを確認する方法をQポイントと呼ぶ。

QMコンポーネントとQMポイント

Qコンポーネントの内、設備の精度と性能で保証できる項目をQMコンポーネントと呼ぶ。設備と精度が適正であることの点検項目をQMポイントと呼ぶ。

２．３　TPM の進化

TPM を進化させるために考えねばならないことがあった。

課題１：設備故障ゼロ、品質不良ゼロで生産が継続されていても、一方で増産に対応するため人や設備を増やしたことにより工場原価が下がらない。

課題２：品質不良ゼロを強く打ち出すがために、現場では丁寧な生産が行われているが、生産性が落ちてしまい、買い手市場では販売機会の逸失になってしまう。

課題３：例２の逆で、量を優先するがために悪い品質の製品が出回ってしまう。

課題１では、現場がロス削減を行い、生産体制を強化しても解決できない場合に限って人や設備が増強されねばならない。課題２および課題３では、品質不良ゼロを会社のステータスとして、それを守れる範囲内で生産性を改善することが肝要である。

企業活動の中ではこのような課題が同時多発的に発生するが、その時、企業が取り組まねばならないボトルネックは何か、優先順位はどうなっているのか、を見える化することが重要になってくる。これを解決する手法として PFD を考案した。

これは、従来の TPM に新しく TPS（トヨタ生産方式）によるリードタイムの極限追求という考え方を導入する必要性を感じたことが考案のきっかけになった。

ここまで述べてきた TPM による改善を≪点の改善≫と呼び、一方 TPS による改善を≪線の改善≫とすれば、PFD は≪ものの流れの改善≫である。

つまり、PFD を生産ラインで活用すれば、原材料投入から製品ができるまでの生産活動の中で起こるあらゆる問題を見える化することが可能で、今会社が取り組むべき課題は何か、それをどうやって改善すればよいのかの答えを見つけることができるのである。

PFD 活動板の事例を紹介して、その作成と活用方法を順次説明する。

図１８　ＰＦＤ活動版事例

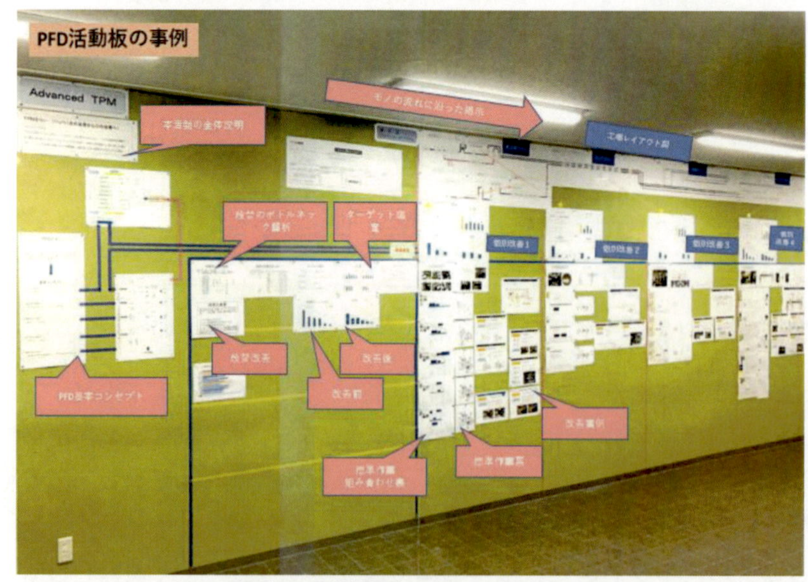

出典：日鉄住金ドラム（株）

（1）PFDの基本コンセプト

①ものの流れを改善する。

リードタイムを短縮する。生産ラインを乱している大きな要因は段取り替えである。まずは段取り替え全ての場合を取り出し、最も時間の長いものから改善して、ものの流れを整流化することが大切である。

②工程の流れを改善する。

サイクルタイムのバラツキをなくす。及び、半製品の仕掛をなくす。

③設備の流れを改善する。

設備故障ゼロと品質不良ゼロのための設備精度と性能を保証する。

④品質の流れを改善する。

工程能力を上げ、品質不良をゼロにする。

⑤情報の流れを改善する。

生産計画から出荷までの必要な情報をタイムリーに全工程に供給する。

（2）PFDの構成

PFDはDMS（ダイレクトマニュファクチャリングシステム）とPMS（パーフェクトマニュファクチャリングシステム）の2つの要素で構成されている。

DMSの目的はリードタイムを短縮することであり、PMSは設備故障ゼロ、品質不良ゼロを目的としている。

（3）PFDの作成手順

PFDは次の手順で作成を進め、成果指標KMIへと関連づけていく。

STEP1：前述の表1に示した深化したロスコストマトリックス表を作成する。

STEP2：DMSとPMSの基本コンセプトを図19のようにまとめる。

【用語解説NO.8】《トヨタ生産方式》のカイゼンの歴史・・・・[進化の過程]

トヨタでは次のようなカイゼン進化の過程を経て【トヨタ生産方式】の根幹を確立した。現在、③～⑤により、生産量に応じた要員調節を可能にしている。

①単独配置（1人1台持ち）：作業者は作業時間のほとんどを機械の監視に充てていた。

②種別の配置（1人2台持ち）：一つの作業に集中しにくい。→自動送り、リミットスイッチ取り付け、または、工程順の配置（1人2台持ち）「離れ小島」が出来てライン全体のバランスが取れない。

③1個流し生産』（1人セル生産方式）

④『ニンベンのついた自働化』：機械が加工中にトラブルが発生したら、機械自体がそれを感知して自動停止するとともに、あんどんを点灯して人を呼ぶ。→作業者の監視が不要となった。

⑤『目の無い少人化』（定員性の打破）：セルを近接させたり、セル間を行き来できるように通路を設ける等の改善により、減産時にも不能率を防止する。

[参考文献]トヨタ生産工場の仕組み　青木幹晴　著（日本実業出版社）

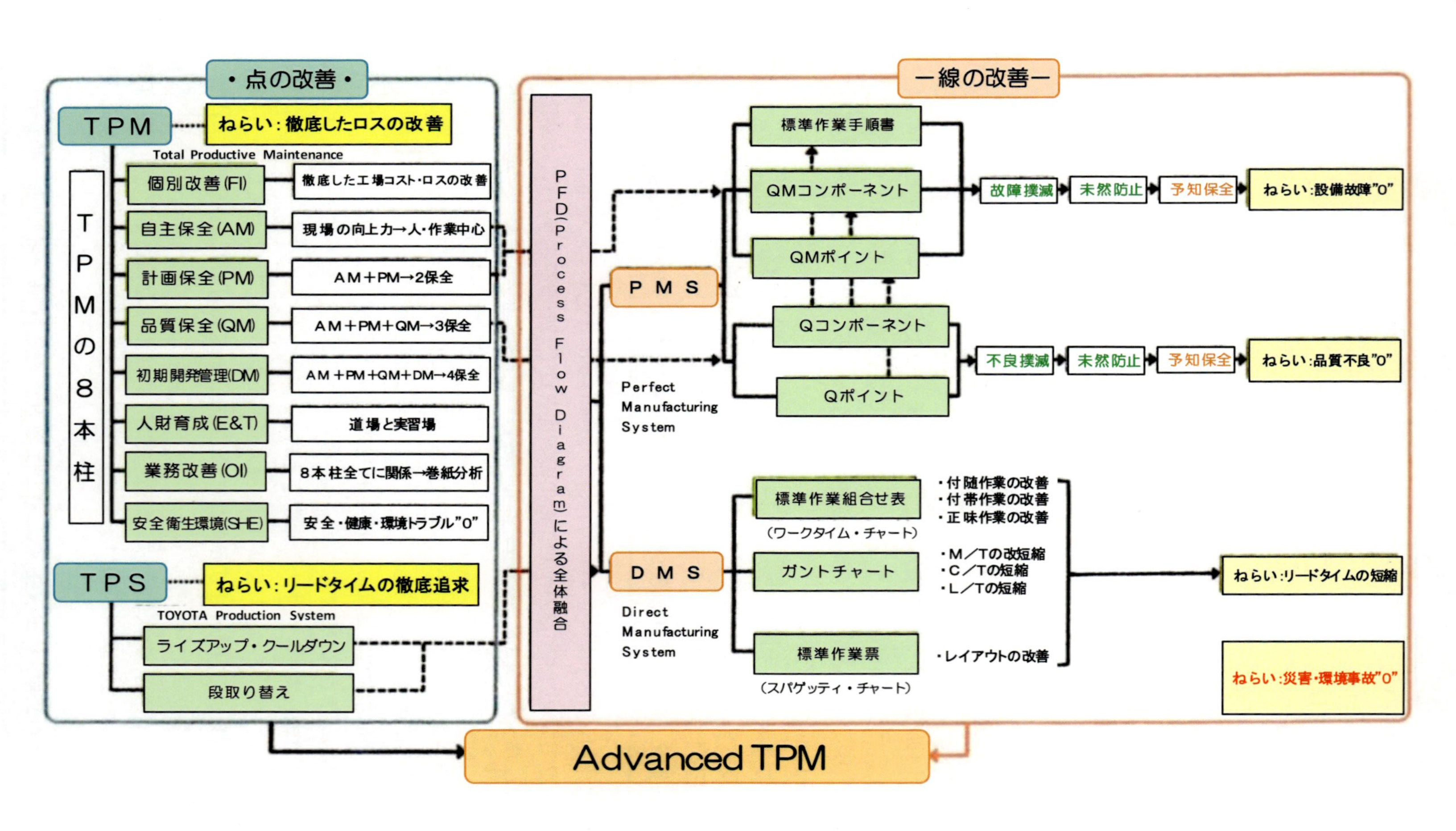

図19　TPMからA-TPMへ

STEP３：PFD 全体の流れを図 20 のように作成して成果指標 KPI とつなげる。

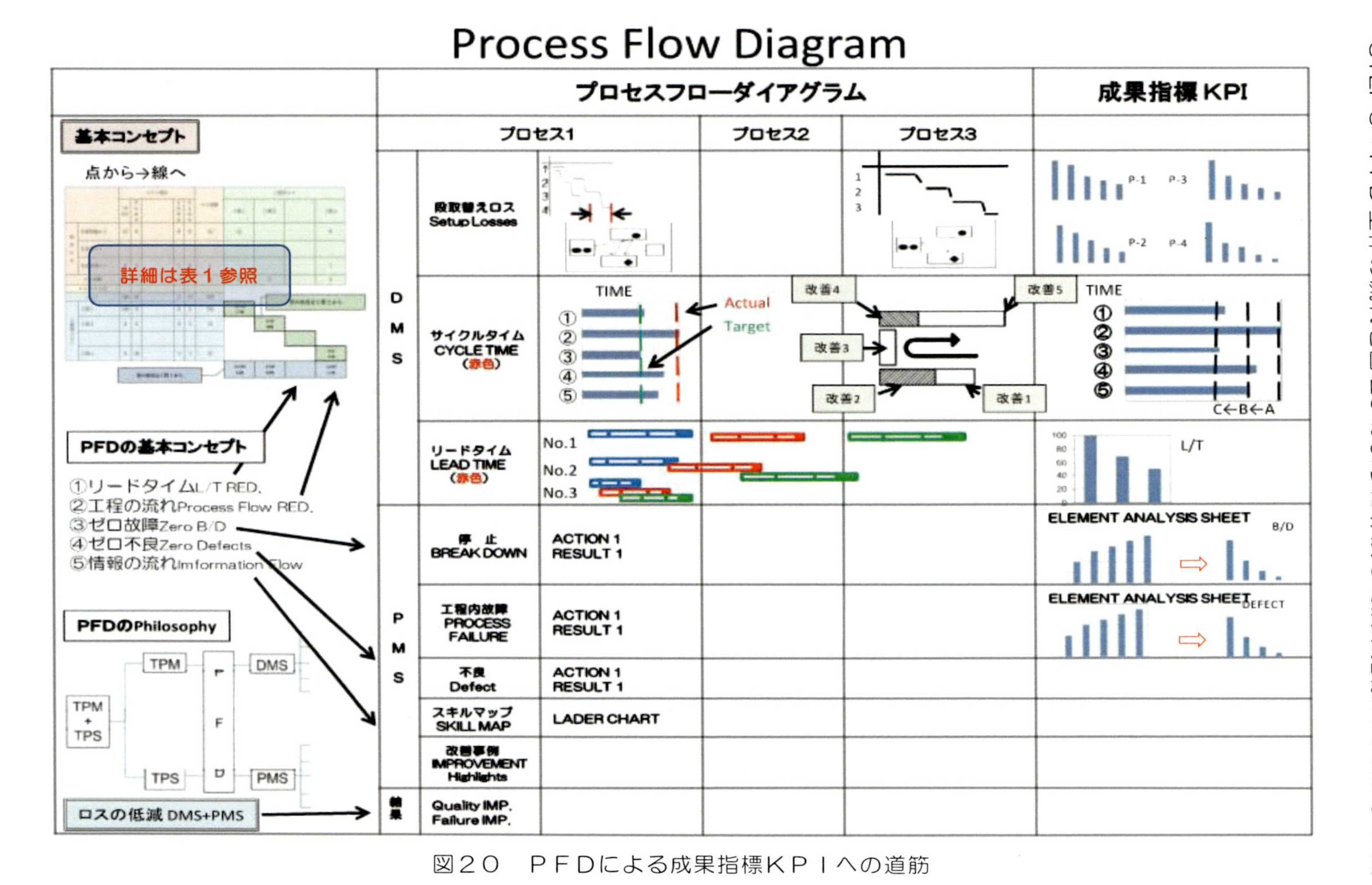

図２０　ＰＦＤによる成果指標ＫＰＩへの道筋

２．４　DMS（ダイレクトマニュファクチャリングシステム）の進め方

ＤＭＳを進めるためには、工程の流れを整流化することが重要である。そのため、先ず、その阻害要因で一番影響力の大きい段替えの改善に取り組まなければならない。阻害要因が取り除かれると、マシンタイムの中で段替えが完了する。

シングル段替えができて清流化されたモノの流れを作った後、PFD を作成して解析を行う。

（１）段替え改善

段替え改善は次の通り進める。

１）段替えボトルネックの抽出

ステップ１　どの工程のどのマシンか

ステップ２　１日にその工程を流れている品種は何種類か

ステップ３　その品種ごとの切り替え時間は何分か

ステップ４　工程ごとの１日当たりの総段替え時間は何分か

１日当たりの総段取り替え時間よりボトルネック工程を抽出する。

２）段替え改善の進め方

ステップ１　ビデオ撮影→段替え作業ごとにビデオ撮影を行う。

ステップ２　作業分類、作業時間を計測して標準作業組合せ表を作成する。

→作業を正味作業、不随作業、付帯作業に分類し、標準作業組合せ表を作成する。

〇正味作業：この仕事を行わないと次に進めない作業

〇付随作業：正味作業を続けるための補助作業

〇付帯作業：ムダな作業

図２１　　　標準作業組合せ表

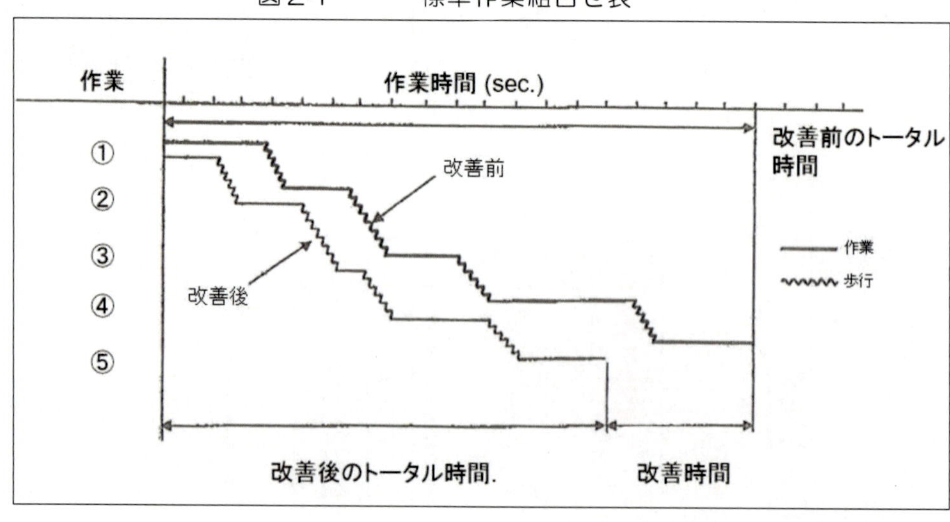

ステップ３　作業移動距離を把握。→レイアウト図に作業者の動線を描いた標準作業票（スパゲッティチャート）を作成する。

ステップ４　改善。→標準作業組合せ表と標準作業票により問題点を把握し、改善を行う。

図２２　　　　　標準作業票

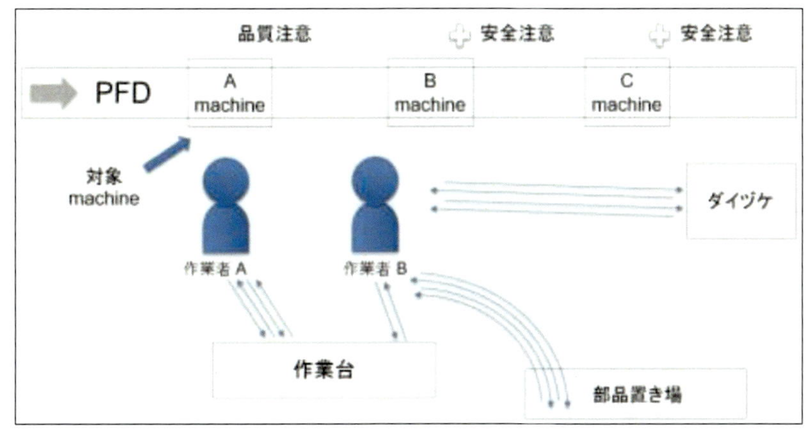

３）改善の順序

改善は先ず付帯作業を見極めることから始め、付帯作業→不随作業→正味作業の順に改善を行う。続いて作業時間の長いものから順に改善し、時間短縮を行う。

４）改善の視点

改善は進める時の次の視点で作業を進める。

（ｉ）内段取りの外段取り化

図２３　リードタイムの短縮

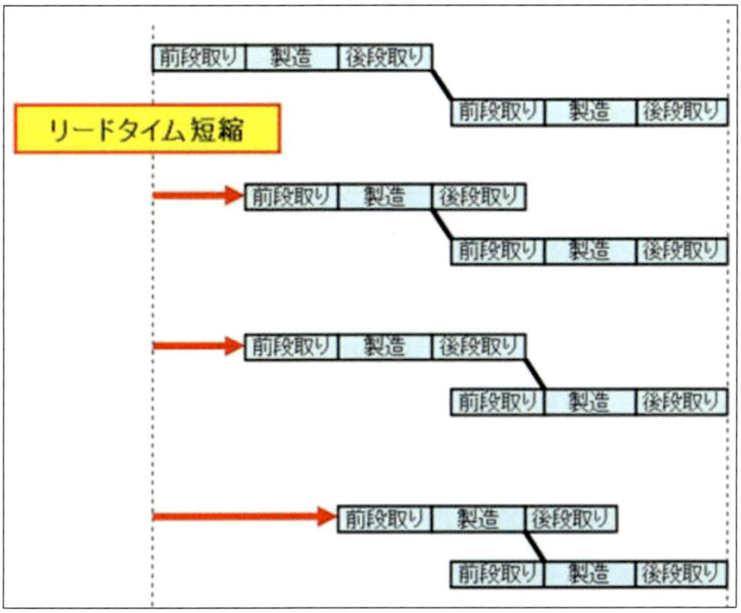

(ⅱ)レイアウトの見直し（歩行距離の削減）
(ⅲ)余力人員の活用（助け合い）
→各作業にはサイクルタイム（C/T）に違いがあるので、C/T の短い作業者が C/T の長い作業を手伝うことで、その長い作業の C/T を短くすることができる。これを助け合いという。
(ⅳ)作業方法の見直し
a）位置決めの容易化（治工具）
b）ネジを止める
c）調整を止める（ブロックゲージ化）
d）繰り返す

出典：アスプローバ株式会社 Asprova の活用例「リードタイム短縮の手法」
http://www.asprova.jp/asprova/img/movetiming_s.gif

（2）DMS の進め方
次のステップを展開して改善を進める。

ステップ1　全行程の全作業をビデオで撮影する。
ステップ2　ワークタイムチャート（WTC）標準作業組合せ表を作成し、正味作業、不随作業、付帯作業に分類して改善を行う
ステップ3　スパゲッティチャート（SC）標準作業票を作成し、レイアウトを改善する。
ステップ4　ガントチャート（GC）を作成し、マシンタイム、サイクルタイム、リードタイムを明確化する。
ステップ5　ボトルネック工程のサイクルタイムロスを削減する。
→主に次の視点に注目して目標サイクルタイム以内となるまでロスの削減を継続する。
(ⅰ)無駄な待ち時間がないか
(ⅱ)動作をなくすことができないか
(ⅲ)動作を一緒にできないか
(ⅳ)動作の順序を変更できないか
(ⅴ)動作を単純化できないか
ステップ6　次のボトルネック工程を改善する。
→ボトルネックの改善が行われると、新たに次のボトルネックが現れる。それを次々と改善していく。このように改善が永久に続くことが DMS の特徴である。

1）ボトルネックの解析と対策

図 24 に段替えのボトルネック解析を行った事例を紹介する。

図２４　段替えのボトルネック解析

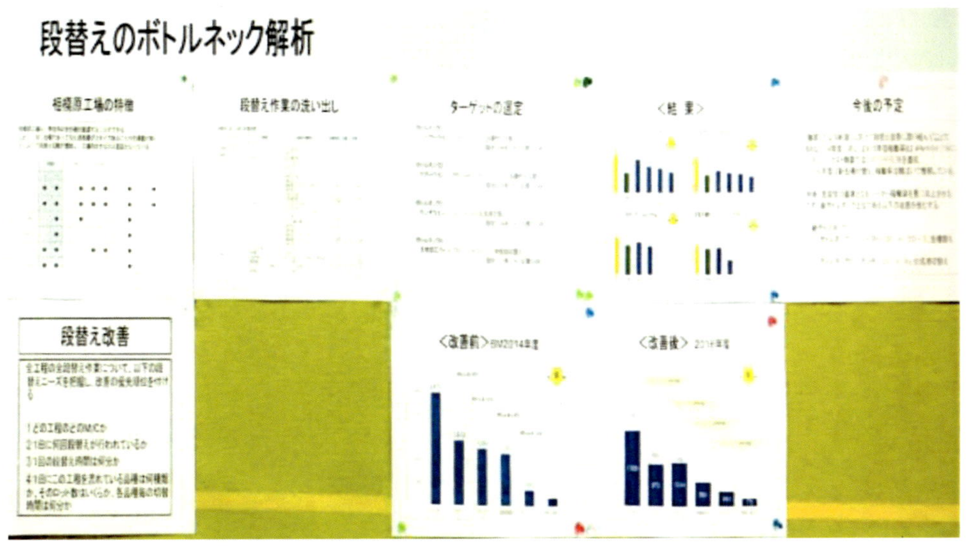

出典：日鉄住金ドラム（株）

2）サイクルタイムの短縮

図２５にサイクルタイムの短縮を行った事例を紹介する。

図２５　ボディーラインのサイクルタイム短縮

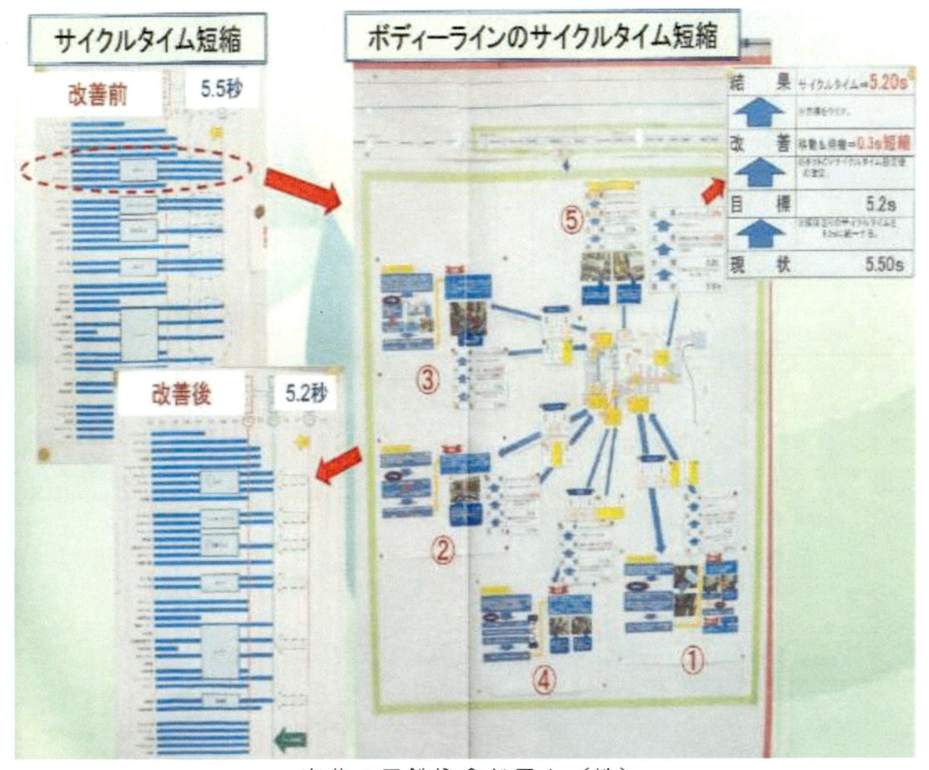

出典：日鉄住金ドラム（株）

2．5　PMS（パーフェクトマニュファクチャリングシステム）の進め方

前述したように、DMS は生産能力を上げるために使われる手法である。これに対して PMS は工程能力を向上させるための手法である。

今回は、設備故障ゼロ活動と品質不良ゼロ活動を中心に述べているが、この手法は、在庫レス化活動やエネルギーロス削減、物流ロス削減などにも利用することができる。

（1）設備故障ゼロ活動

設備故障は全ての生産ラインの阻害要因であるから、故障ゼロを目指さなければならない。そのためには、下図のゼロ故障ステップ展開に従って活動を進める。

図26　　ゼロ故障ステップ展開

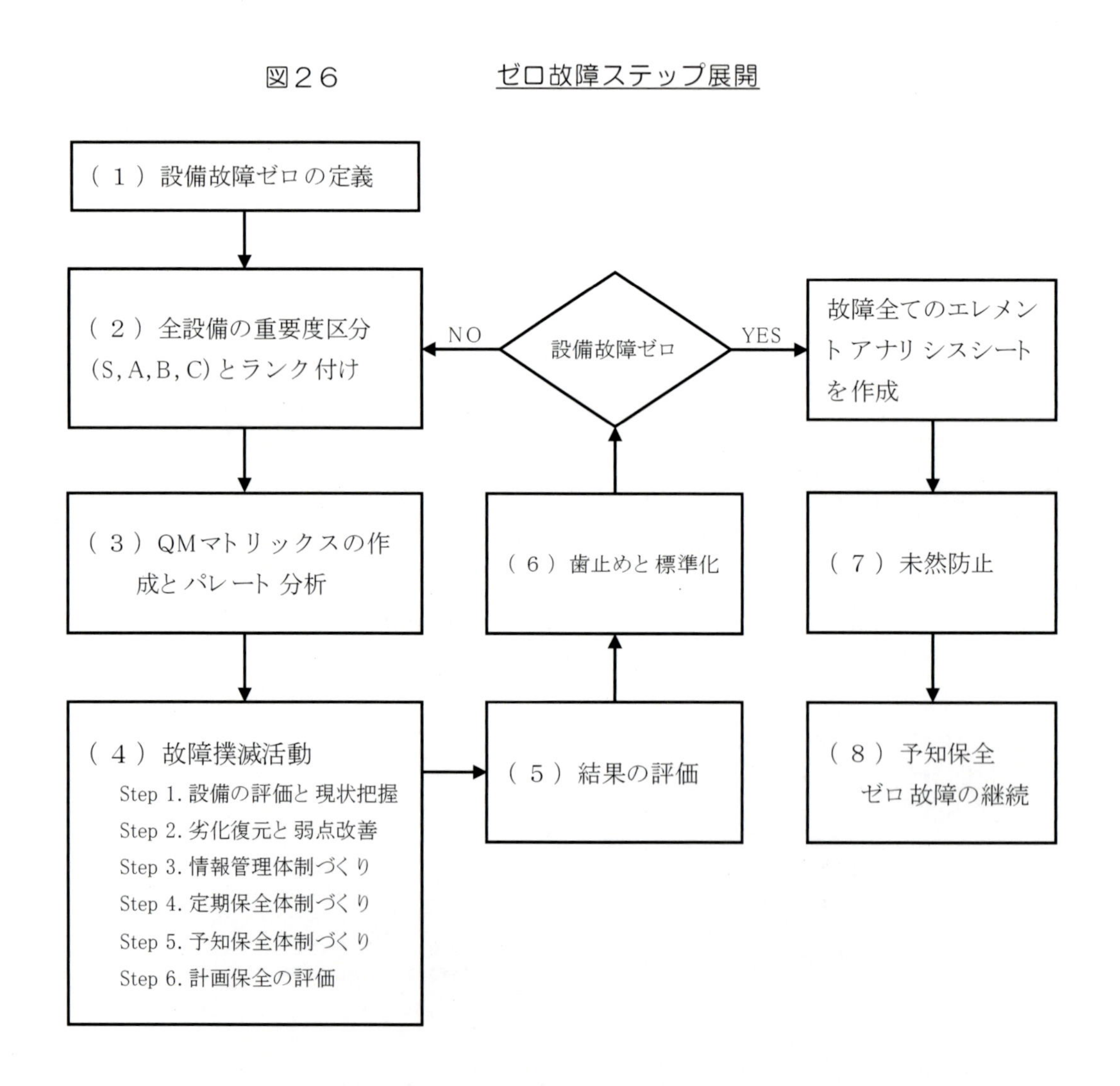

1）設備故障ゼロの定義

設備故障ゼロの定義は次の通りである。

（ⅰ）初期流動管理を終えた（80%故障を撲滅できた）設備が対象

→初期流動管理を終えた設備を対象とするとは、故障のバスタブ曲線で 80%までは設備導入の開発側で担当するが、残り 20%になった以降は現場で改善を継続することを意味する。これは、開発者が次の開発に専念してもらうための現場側の協力する姿である。

（ⅱ）設備の精度と性能を保証する管理項目内の故障がゼロ

→現在の製造業はその大半が設備で製品を造っているため、従来のように設備は壊れなければよいという考え方から脱却して、設備で品質を作り込む（要求品質を満足する）ことが要求される。従って、設備の精度と性能を保証しなければならない。

（ⅲ）故障ゼロとなった後、3 か月間再発なしの設備

（ⅳ）管理項目以外で新たに故障した場合は、その改善を行い、対策後にその項目を新たな管理対象に加える

ゼロ故障マシンとなった後、管理項目以外で故障した場合、従来はゼロ故障設備から外されることになるが、この管理方法では対象になったり外されたりを繰り返すことになる。これでは設備のレベルを上げることができないため、管理項目以外で故障した場合は、ゼロ故障設備から外さずにその改善を行い、対策後にその項目を新たな管理対象に加えることで、故障ゼロ設備を継続する。

［用語解説 NO.9］設備故障撲滅のために実施した改善事例は Know Why Sheet に残して再発防止に役立てる。その一例を次に示す。

Know Why Sheet

作成：2016年3月30日

<table>
<tr><td>調査箇所</td><td>設 備 名</td><td>構　造</td><td>総点検の区分</td></tr>
<tr><td>Vベルト+プーリ</td><td>乾燥炉</td><td>循環ファンを電動モータとVベルトで連結して回転させる</td><td>駆　動</td></tr>
<tr><td>チェックの方法</td><td colspan="2">具体的にどうするか？（管理値）</td><td>なぜチェックをするのか？</td></tr>
<tr><td>Vベルトとプーリの噛み具合</td><td colspan="2">1. Vベルトの保護カバーを取り外す。
2. プーリ端面からVベルトの飛び出し量を確認する。
管理値：0.5～2.9mmの飛び出し有
3. Vベルトに傷や破損が無いか確認する。</td><td rowspan="5">Vベルトまたはプーリ溝が摩耗した場合、Vベルトとプーリー間で空転してしまい、循環ファンが回らなくなる。

このまま使用し続けた場合、以下の問題が生じる。
①乾燥炉内の温度が不均一になり、温風が隅々まで行き渡らなくなる。
②乾燥炉内の温度が設定値に到達できず、樹脂の硬化等が正常に出来なくなる。</td></tr>
<tr><td colspan="3">ＯＫでない場合どのようにすればよいか？</td></tr>
<tr><td colspan="3">・点検者はチームリーダへ連絡し指示を仰ぐ。
・Vベルトおよびプーリー溝の摩耗，傷等があれば交換する。</td></tr>
<tr><td colspan="3">略 図 ／ 写 真</td></tr>
<tr><td colspan="3" rowspan="3">1. Vベルトは、プーリの表面より0.5～2.9mm出ているのが適正です。
ベルトが沈んでいるのはプーリ溝が摩耗している証拠です
ベルトの底が当たっていると駆動力が出ません
Q
P
P
ベルトの駆動力は側面の摩擦力で行なわれる</td></tr>
<tr><td>対策はどのようにしたか？</td></tr>
<tr><td>自主保全で点検項目追加</td></tr>
</table>

出典：タカオカ化成工業（株）

2）全設備の重要度区分（S, A, B, C）とランク付け

各設備を生産上、設備上、原価上、安全上の影響度から評点を付け、以下の手順に沿って設備の重要度を区分し、故障停止時間により設備をランク付けする。

①設備の重要度評価表

表３　設備の重要度評価基準

評価項目			評点			評価の目安
生産	1	平均的操業度	4	2	1	80%以上：4 60%未満：1
	2	予備機/代替機の有無と切替の難易度	4	2	1	なし、またはあっても切替えに１日以上かかる：4 あり：1
	3	故障が他の設備に与える影響度	4	2	1	多くの設備に影響する：4 他への影響はほとんどない：1
	4	故障頻度	4	2	1	年４回以上：4 年１回未満：1
	5	故障修理のための停止時間	4	2	1	平均１回１日以上：4 平均１回２時間未満：1
品質	6	製品品質に与える影響度	4	2	1	重大な影響あり：4 ほとんどなし：1
費用	7	総修繕費	4	2	1	専門業者の修理が必要：4 少なめの修繕で済む：1
安全	8	人体に与える危険性	4	2	1	危険度はかなりある：4 まずなし：1

②重要度区分

表４　重要度区分

区分	評点合計
S	25点以上
A	20～24点
B	15～19点
C	14点以下

③設備のランク付け

重要度区分S、Aを優先に再発防止活動に取り組む。また、対象設備の取り組み部位を選定するにあたっては、過去に故障が発生した部位を重故障、中故障、軽故障の３つにランク付けし、重故障の対策を優先させる。

表５　設備のランク付け

故障停止時間	設備重要度区分			
	S	A	B	C
15分以上　2時間未満	軽故障	軽故障	軽故障	軽故障
2時間以上　1日未満	中故障	中故障	中故障	中故障
1日以上	重故障	重故障	中故障	中故障

○故障ランク

重故障：故障した場合設備機能を満たさず、生産への影響が大きく修理も困難

中故障：故障した場合、設備機能への影響は、重故障に比べ小さい

軽故障：故障しても設備機能への影響や生産への影響が小さく修理容易

全設備についてランク付けされた結果は、次の例のように一覧表にして管理する。

表6　**重要度ランク別保有設備一覧表**

工程	人数	ライン	設備重要度				合計（台）
			S	A	B	C	
前工程	4	ライン1			天井クレーン		19
					1		
		ライン2	溶接機 圧延機	端末処理機 ロール成形機 溶接痕処理機			
			2	3	4	1	
		ライン3		プレス1 プレス2 圧入プレス			
				3	4	1	
工程1	3	ライン4	充填設備1 充填設備2	プレコン ターナー1 ターナー2 テスター			11
			2	4	3	2	
工程2	4	ライン5		塗装機1 塗装機2 乾燥炉1			13
				3	6	4	
工程3	4	ライン6		塗装機3 乾燥炉2			5
				2	2	1	
工程4	7	ライン7					12
					2	10	
工程5	12	ライン8		表面処理ライン 乾燥炉3			8
				2	1	1	
		ライン9					
					1		
		ライン10		受電設備			
				1			
		ライン11					
					1	1	
合計（台）			4	18	25	21	68

3）QM マトリックスの作成とパレート分析

<u>QM マトリックス</u>

今までに発生した設備故障の項目すべてを、全設備について分類した表を作成する。これはあくまで過去に起こった故障名の表であって、復元には有効であるが、単なる復旧のみしか行えない。そのため、改善後の QM マトリックスは、改善が行われる度にリニューアルすることが大切である。

表7　　　　QMマトリックス表

品質保全（QM）マトリックス表

T１０２０系

[illegible]

出典：TPM ページ

http://www.asahi-net.or.jp/~YM8H-OGW/tpm-33Cit-7.htm

表８　リニューアルされたQMマトリックス表

	品質特性	現像剤容量	トナー供給量	トナー濃度許容幅	トナー濃度許容幅	トナー帯電量	現像剤供給量	現像ローラー上の現像剤量	現像剤寿命	軸受け耐久性	トナー飛散量	現像ローラー駆動トルク	搬送ローラー駆動トルク	画像ムラ	画像濃度（最大）	階調再現性	……
機能	トナーを現像装置に取り込む		●														
	現像剤をかくはん・搬送する					●	▲						●				
	現像装置を構成する	●							▲								
	トナー濃度を一定に保つ		▲	●	●												
	現像ローラーに現像剤を供給する					●	▲										
	感光体上の潜像をトナーで顕在化する					▲	●										
	現像装置を駆動する														●		
	現像ローラーに現像剤を供給するバイアス電圧を設定する									●		●		●			
	……										●					●	

出典：モノづくりスペシャリストのための情報ポータル MONOist

http://monoist.atmarkit.co.jp/club/print/print.php?url=/fpro/articles/qm/02/qm02b.html&print_siz=

表９　　各工程ごとの管理項目

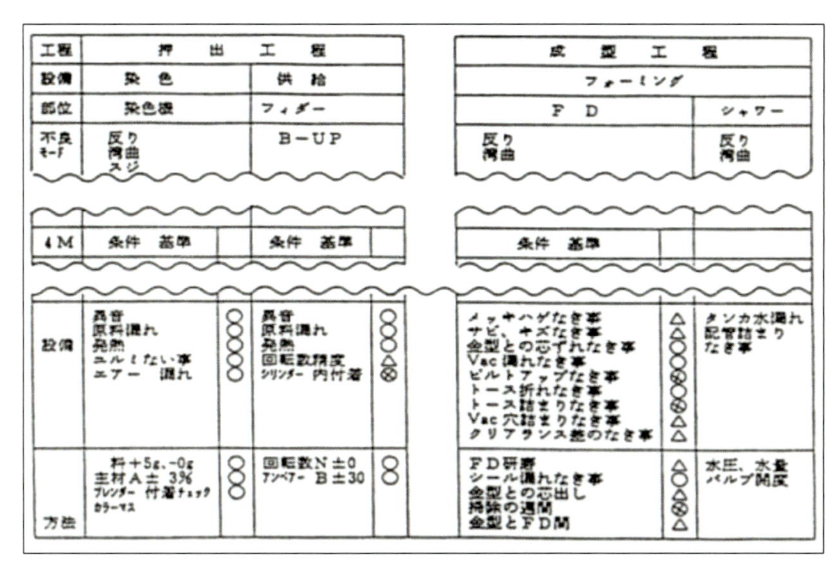

工程	押出工程			
設備	染色		供給	
部位	染色機		フィダー	
不良モード	反り 湾曲 スジ		B－UP	
4M	条件　基準		条件　基準	
設備	異音 原料漏れ 発熱 ユルミない事 エアー　漏れ	○ ○ ○ ○ ○	異音 原料漏れ 発熱 回転数精度 シリンダー　内付着	○ ○ ○ △ ⊗
方法	料＋5g、-0g 主材A± 3% ブレンダー　付着チェック カラーマス	○ ○ ○	回転数N±0 アンペアー　B±30	○ ○

成型工程		
フォーミング		
FD		シャワー
反り 湾曲		反り 湾曲
条件　基準		
メッキハゲなき事 サビ、キズなき事 金型との芯ずれなき事 Vac漏れなき事 ビルトアップなき事 トース折れなき事 トース詰まりなき事 Vac穴詰まりなき事 クリアランス差のなき事	△ △ ○ ○ ⊗ ○ ⊗ △ △	タンカ水漏れ 配管詰まり なき事
FD研磨 シール漏れなき事 金型との芯出し 掃除の週間 金型とFD間	△ ○ △ ⊗ △	水圧、水量 バルブ開度

出典：公益社団法人全日本能率連盟応募論文　製造体質革新のための技術：TPM
http://www.zen-noh-ren.or.jp/conference/pdf/047b.pdf#search=%27QM%E3%83%9E%E3%83%88%E3%83%AA%E3%83%83%E3%82%AF%E3%82%B9+%E4%BD%9C%E3%82%8A%E6%96%B9%27

パレート分析

故障発生件数のパレート分析例を以下に示す。

パレート分析は過去に起こった設備故障をすべて分析し、設備ごとに何が原因で故障したのかを明らかにするものである。

図２７　　　設備故障のパレート分析

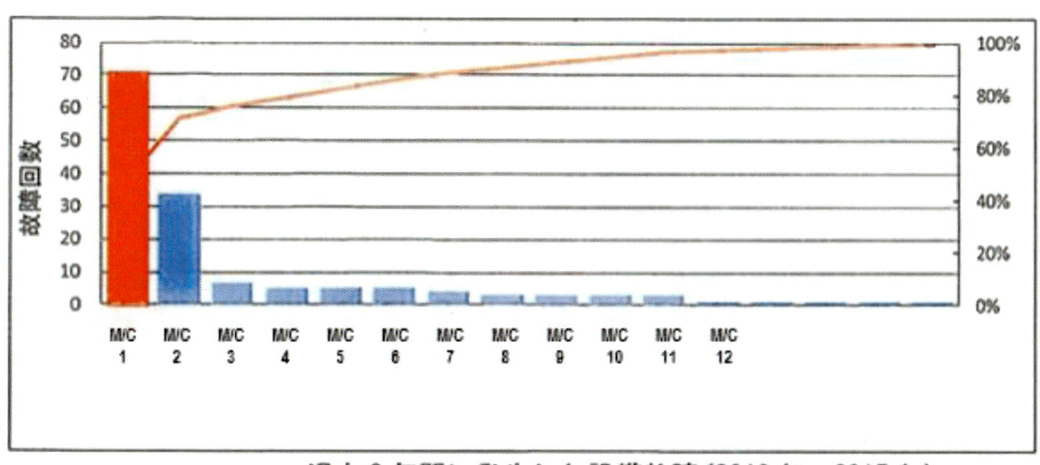

過去３年間に発生した設備故障(2013 年～2015 年)

［用語解説 NO.10］設備故障、品質不良そして災害発生の真因は次の観点で解析。

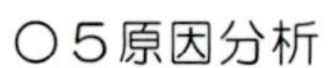

○５原因分析

異常の５大要因	具体的な原因
1.基本条件を守らない	作業：決められた設定や環境を不遵守 設備：清掃･給油･増締めの不備で強制劣化
2.使用条件を守らない	作業：指定された製品や場所以外での使用 設備：操作手順や使用条件を守らず強制劣化
3．劣化の放置	作業：手順書の改訂や再教育が未実施 設備：劣化場所を知らない，気が付かない
4．設計上の弱点内在	作業：製作図面･作業指示が曖昧，不正確 設備：設備の弱点が内在，未対策
5．人的ミス	作業：ポカミス 設備：操作手順や保全方法の勘違い

○4M＋品質

4M＋品質	具体的な内容
1．　人　(Man)	Qコンポを理解していない
2．方　法(Method)	作業のQコンポが決まっていない
3．設　備(Machine)	設備･治工具の精度や性能がでていない
4．材　料(Material)	材料のQコンポーネントが決まって(提示して)いない
5．購入品の品質	購入仕様書･図面通りに納入されない

4）故障撲滅活動

次の３項目に分けて解説する。1）活動の狙い、2）活動目標、3）活動の進め方

① 活動の狙い

（ⅰ）人、設備、職場、作業について、過去の悪さ加減を抽出する。

図２８　過去の悪さ加減の抽出

人　・故障トラブルの兆しが見えても「まだいける」と思ってしまう
　　・支持された通りにしか動かず、指示待ち状態になってしまう
　　・技能を学習する機会が少ない
設備・故障、トラブルが多く整備が行き届かない
　　・故障を修理するだけで終わり、再発が多い
職場・予備品の有無や保管場所が明確でない
　　・改善活動の時間が取れない
作業・人によって判断基準が異なる
　　・個人の経験や技能に頼った作業が多い

設備故障の負のスパイラル

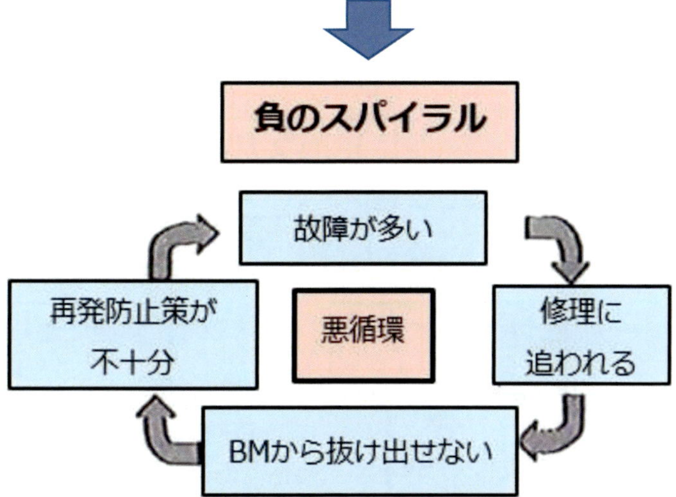

（ⅱ）抽出された項目について、悪さ加減からどこにポイントを置いて改善していくか、目指す姿を設定する。

図２９　　故障撲滅のための目指す姿

人　・設備を熟知し、整備技能と異常発見能力が優れた人
設備・故障と不良が発生しない設備にする
職場・定期整備、弱点改善を確実に実行できる職場
作業・整備方法の手順書を作成して、誰もが正しい整備方法を身に付ける

（ⅲ）さらに、工場の全員が自ら改善に取り組めるようにあるべき姿を設定する。

図 30　　　設備故障の正のスパイラル

人　・故障トラブルの兆しが見えたら、すぐに整備する
　　・設備の機能、構造、役割、使用条件、制約条件を理解し、
　　　異常発見、処置復旧、維持管理能力を身に付ける
設備・点検基準を決めて整備を行い、故障、トラブルを無くす
　　・故障再発防止のため、弱点を改善する
職場・摩耗、摩擦個所を整備し、放置しない
作業・整備方法をマニュアル化し、作業体制を統一化する

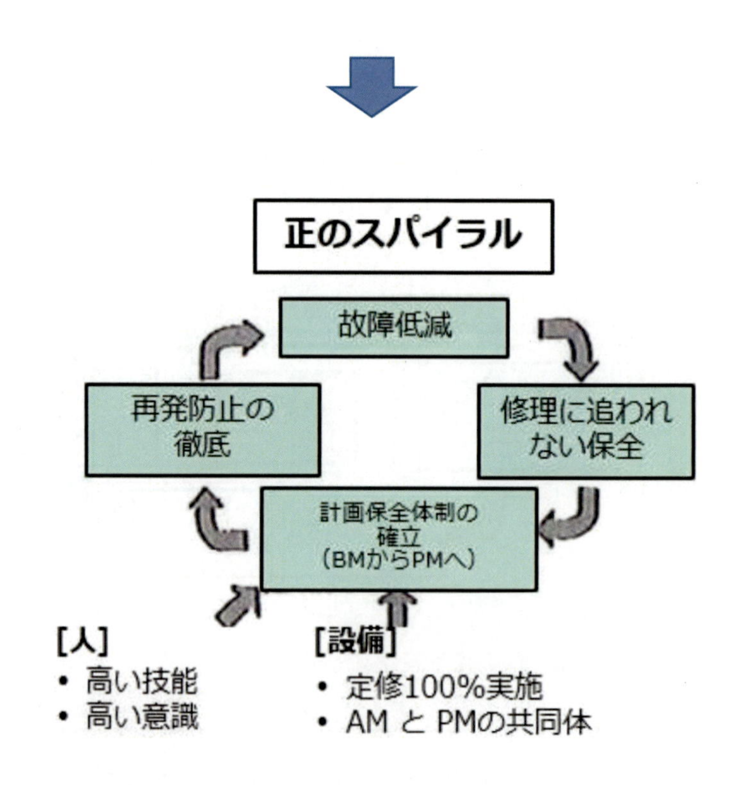

②活動の目標

活動指標として下表のようなKPI、KAIを定めて活動する。表作成に当たっては、必ずベンチマークBM（年度実績または想定）を決める。ベンチマークは管理のスタートを示すもので重要である。

表１０　　活動指標ＫＰＩ例　その1

成果指標		単位	BM	2011	2012	2013	2014	2015
KPI	設備故障件数	件/年	119	-	83	71	59	50
KPI	設備保全費用	千円/年	7412	-	5930	5188	4818	4447
KPI	MTBF（平均故障間隔）	日数	20	-	20	25	30	35
KPI	MTTR（平均修理時間）	時間	100	-	100	80	70	60

表１１　　活動指標ＫＰＩ例　その2

成果指標		単位	BM	2011	2012	2013	2014	2015
KPI	定期保全実施率	%/年	100	100	100	100	100	100
KPI	保全技能士取得者数（専門保全マン）	人数/年（累計）	1	1	4	7	9	15
KPI	OPL作成件数（専門保全マンによる）	件/年（累計）	46	-	46	92	138	184

③活動の進め方

これは初級コースで行った内容なので詳細は省略するが、次のステップで展開する。

Step 1　設備の評価と現状把握
Step 2　劣化復元と弱点改善
Step 3　情報管理体制づくり
Step 4　定期保全体制づくり
Step 5　予知保全体制づくり
Step 6　計画保全の評価

5）結果の評価

6）歯止めと標準化

ＳＴＥＰ１からＳＴＥＰ６のステップ展開は、設備の故障がゼロになるまで繰り返し行われ、ゼロ故障設備を多く造っていく。そしてSABランク設備全てがゼロになるまで続けられるが、そのゼロになった設備については、何をやってゼロになったのか、そのゼロを続けるためにはどんな管理項目、管理体制が必要なのかを明確にするため、設備故障名一つひとつについてエレメントアナリシスシートを作成する。

図 31　　エレメントアナリシスシート

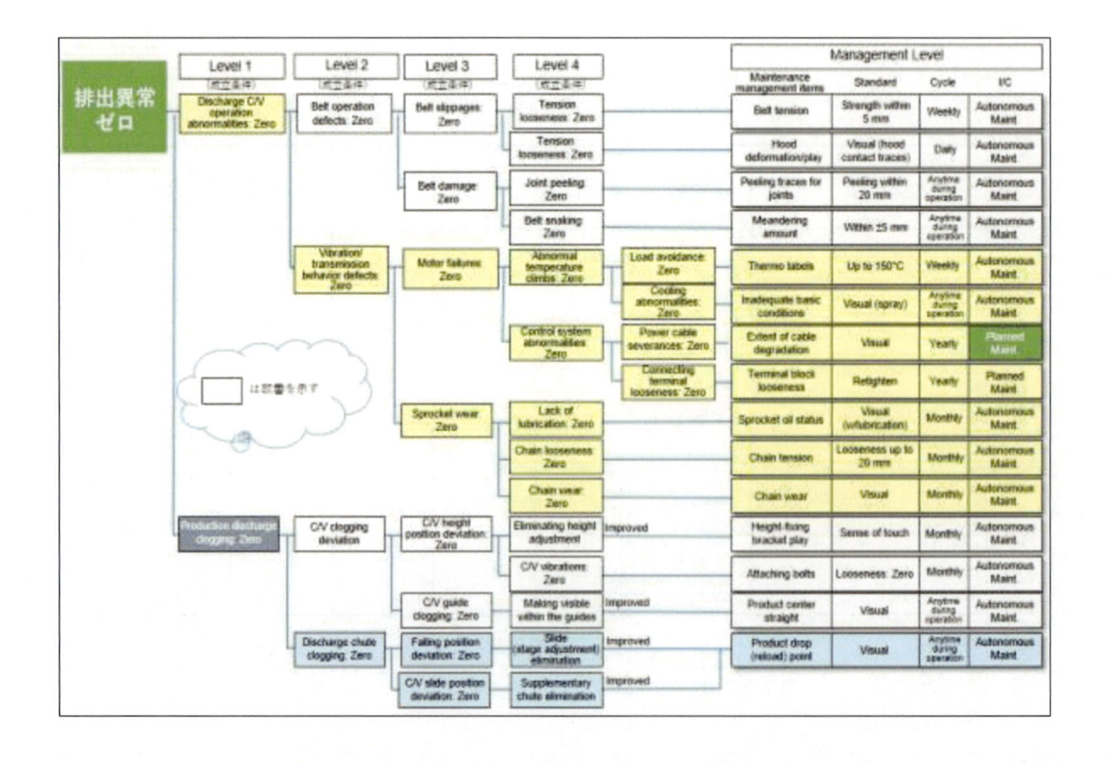

7）未然防止

エレメントアナリシスシートを用いて分析してゼロ故障となった全設備については、MTBM/MTTM が設備ごとに明確になっているので、この２つの項目を参考に設備ごとの運転時間と負荷状態によりメンテナンス期間を決めオーバーホールを行うことが未然防止である。

実施したオーバーホールの結果を設備管理台帳に記録し、次回のオーバーホールのデータとする。

記録する項目は、(ⅰ)工期、(ⅱ)工数、(ⅲ)工事実施者、(ⅳ) 劣化測定個所と測定値およびどんな処置内容かが分かる図面と写真、(ⅴ)できれば全行程のビデオ映像、(ⅵ)交換部品一覧、(ⅶ)改良保全を行った場合はその図面、(ⅷ)費用とその内訳、である。

【用語解説 NO.１１】MTBF（Mean Time Between Failure）、MTTR（Mean Time To Repair）の２つの KPI については、改善を進めた結果ゼロ故障設備になった時から、MTBM（Mean Time Before Maintenance）、MTTM（Mean Time To Maintenance）と名称を変え、メンテナンス体制に移行したことを示す。

8）予知保全

未然防止で決められたメンテナンス期間で行われる保全を、更に寿命延長するために改良保全を行うのが予知保全の狙いである。一般的には、次の方法で行われる。

○最重要設備（S ランク設備）

点検個所を決め、センサーを取り付け、異常の場合には、警報で知らせるようにする。一部の企業ではアラームをキャッチしフィードバックループを作り、自動で修復するシステムを採用しているところもある。

○重要設備（A、B ランク設備）

振動計による測定、あるいはサーモグラフィによる温度測定を定期的に行い、異常を発見し、緊急時には設備を停止して対処する。緊急でない場合は、次回のシャットダウンメンテナンスの計画に入れて対処する。

９）分解保全

分解保全を設備ごとに行う時に、設備の各部位の劣化状況を測定し、メンテナンス期間の修正を行ったり、改良保全を行ったりして寿命延長を図る。

（2）品質不良ゼロ活動

企業にとってクレーム、工程内不良は最も恐ろしい『悪魔』である。悪魔とは大きなクレームを出した場合には会社が倒産してしまうことがあるからである。生産性は落ちても会社は倒産しない。会社で最も重視すべきことは、品質不良ゼロを維持し続けることである。

このために、設備故障ゼロ活動と同様に品質不良ゼロの体系図を示す。この体系図に流れに沿って活動を進めることで品質不良ゼロを達成する

図３２　　　　品質不良ゼロの体系図

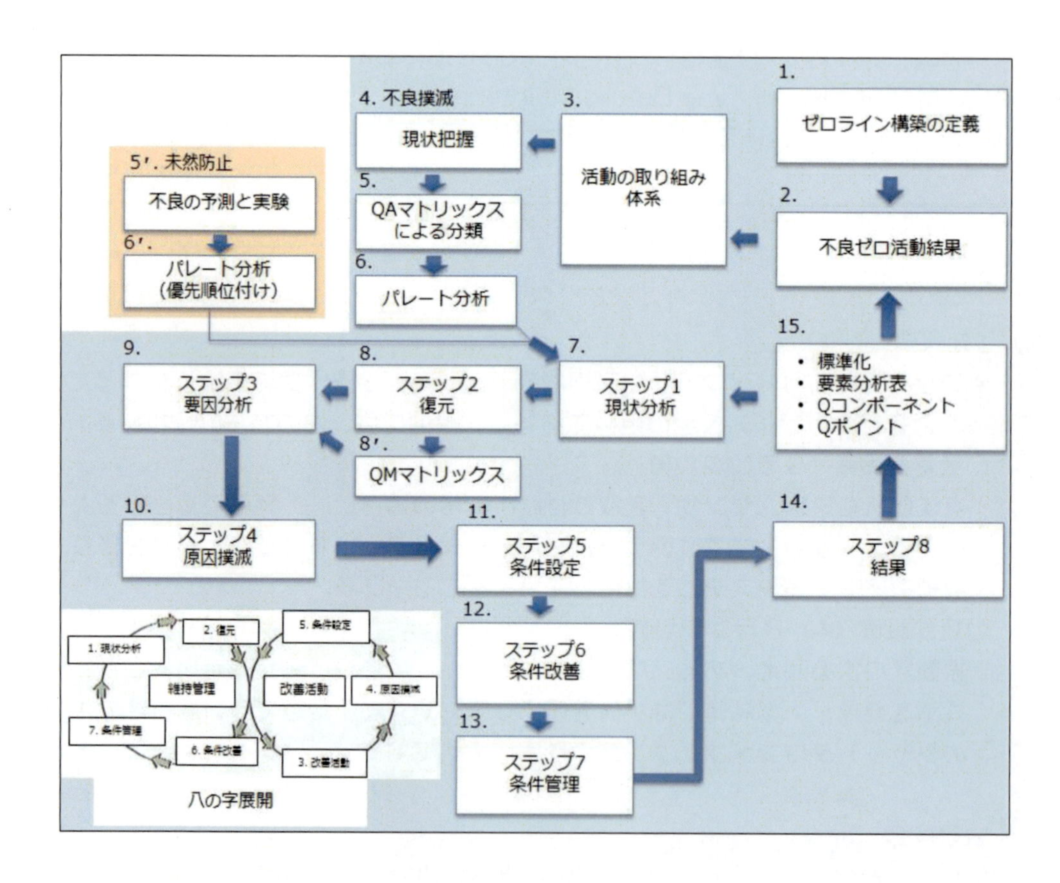

以下、品質不良ゼロの体系図のステップ展開を番号順に解説する。

[1]ゼロライン構築の定義

各工程で定めた管理項目のもとで、災害、設備故障、品質不良のいずれも発生しない状態を継続しているラインを構築されたゼロラインと定義する。

構築されたゼロラインをＡとして、A＝X+Y+Z＝ゼロであり、X、Y、Ｚを次のように定義する。

X：PFD 各工程内で災害ゼロを達成していること
Y：PFD 各工程で設備故障ゼロを達成していること
Z：PFD 各工程内で品質不良ゼロを達成していること

○設備故障ゼロの定義

設備故障ゼロを次のように定義する。設備の管理項目以外で新たに故障が発生した場合はその改善を行い、対策後にその項目を新たな管理対象に加える。

(ⅰ)初期流動管理を終えた（80%故障を撲滅できた）設備
(ⅱ)設備の精度と性能を保証する管理項目内の故障がゼロ
(ⅲ)故障ゼロとなった後、３か月間再発なしの設備

○品質不良ゼロの定義

品質不良ゼロを次のように定義する。管理項目外で不良が発生した場合は、その改善を行い、対策後にその項目を新たな管理対象に加える。

(ⅰ)開発段階（初品第３ロット）を完了した製品
(ⅱ)Q コンポーネントの管理項目内の不良がゼロ
(ⅲ)不良ゼロとなった後、３か月間再発なし

【用語解説 NO.12】会社にとって大きなロスとは何？？

◇災害が発生して生産が止まると!?
①災害を受けた人がケガをして作業ができない
②原因究明と対策で時間と費用が掛かる
③大きな休業災害だと生産停止になる

◇品質不良が発生すると!?してお客さまの信用を失う
①お客さまに迷惑が掛かる
②原因究明と対策で時間と費用が掛かる
③大きなクレームだと取引停止になる、損害賠償も??

◇設備が故障して生産が止まると!?
①品質および生産量や納期に支障がでる（クレームに発展）
②原因究明と対策で時間と費用が掛かる
③修理の間，作業者に手待ち時間が発生する

[2]品質不良ゼロ活動結果

体系図で順に活動した結果、品質不良ゼロの状態を確認する。

[3]活動の取り組み体系

ケース１：新開発品

設計からのインストラクションを受け、Q コンポーネントを抽出する。

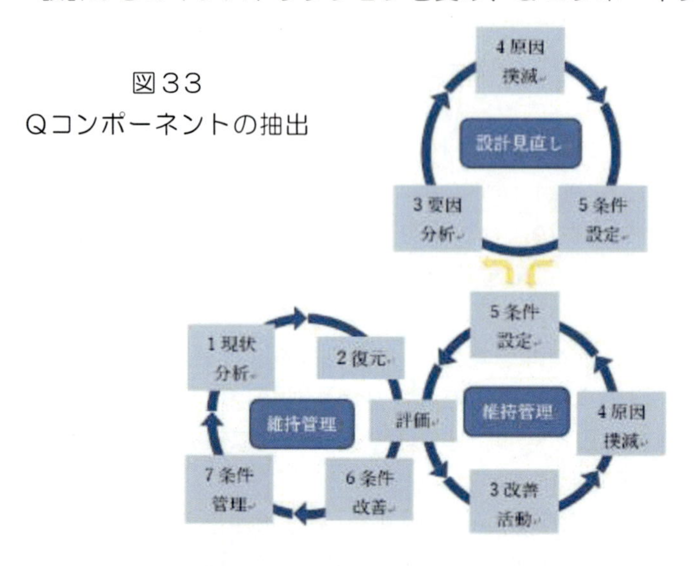

図33
Qコンポーネントの抽出

ケース２：不良が発生していない

維持管理のサークルをまわし、条件改善に併せ Q コンポーネントを見直す。

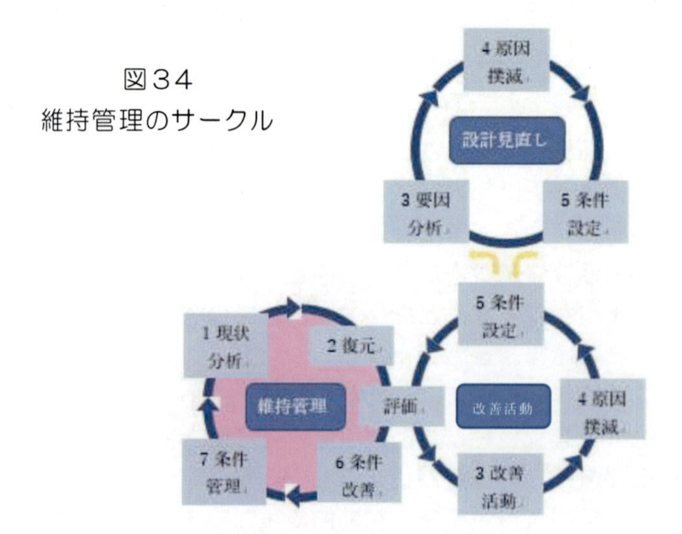

図34
維持管理のサークル

ケース３の１：不良発生Ａ・設計見直しを伴う

設計見直しサークルに戻って改善し、Ｑコンポーネントの見直し、追加を行う。

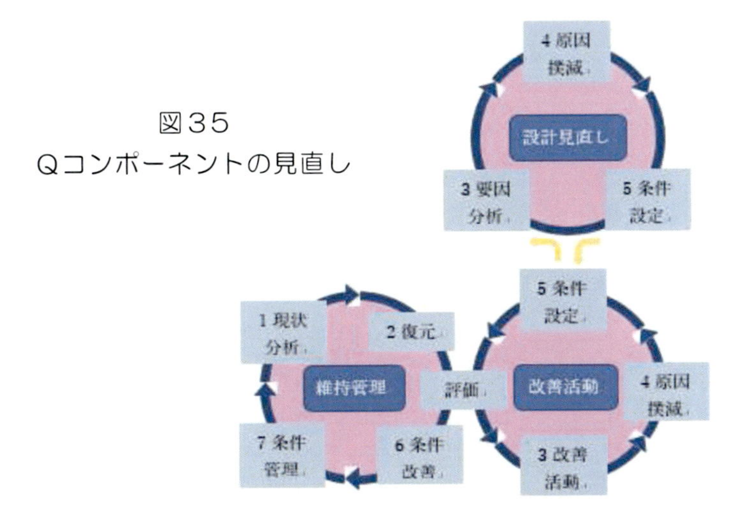

図35
Ｑコンポーネントの見直し

ケース３の２：不良発生Ｂ・設計見直しを伴わない

改善活動のサークルをまわし、真因に対策を打つ。抽出されたＱコンポーネントを追加する。

ケース４：不良発生Ｃ外注購入品

外注業者と連携した改善活動のサークルをまわし、Ｑコンポーネントを抽出する。

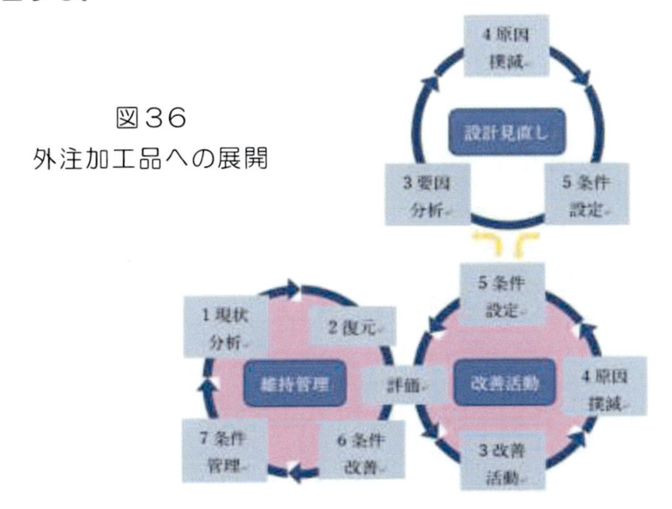

図36
外注加工品への展開

［4］不良撲滅・現場把握

過去に起こった品質不良すべてについて分析し、現在決められている工程管理標準からブレークダウンした設備の運転管理条件表を作成する。

表１２　設備の運転管理条件表

設備の運転停止記録

設備停止の要因分析

［5］QA マトリックスを作る

表１３　QAマトリックス

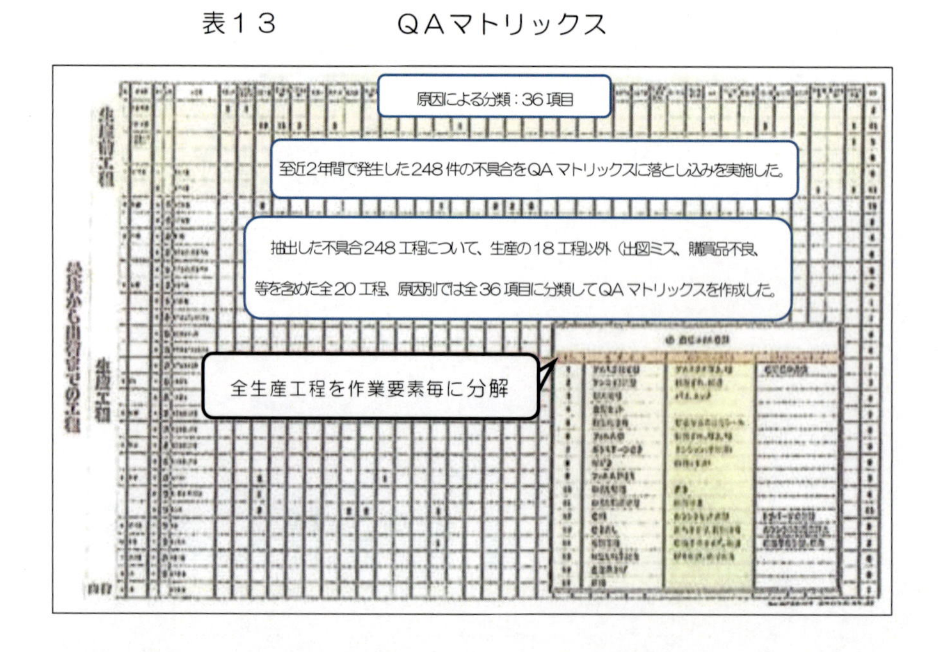

[６]不良撲滅：パレート分析

図３７　　　品質不良のパレート分析

再発不適合件数

電源ＴＲの再発不適合

再発不具合の中で件数の多いものを選定した。

過去に鉄心の接着不良が原因で不具合発生していた。

[７]Step1　現状分析

パレート分析で明らかになった上位要素の現状を分析する。

表１４　　　パレート分析結果から現状分析

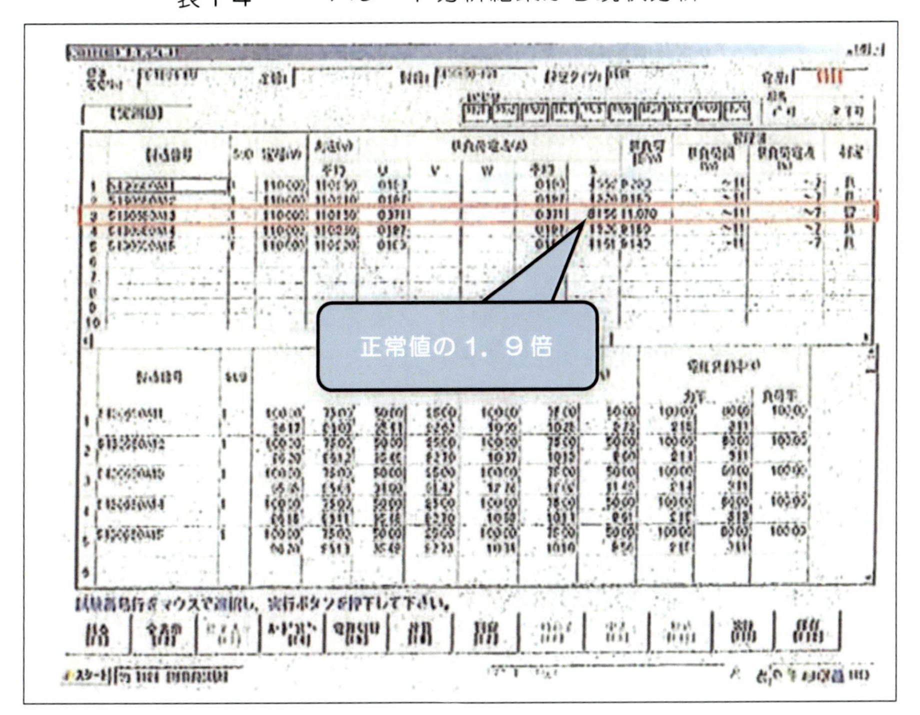

［8］Step2　復元

QMマトリックスに基づいて設備の復元を行う。これは、設備故障ゼロの復元と同様である。

表１５　　QMマトリックスによる復元

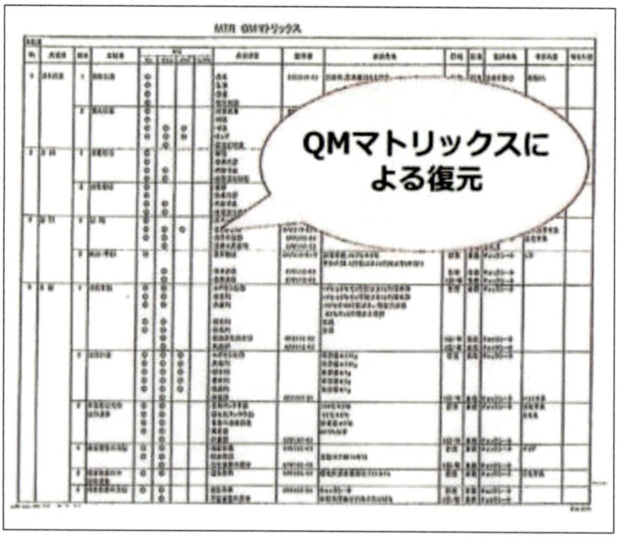

［9］Step3　要因分析

要因分析はECRS、なぜなぜ分析、PM分析、FTA、FMEAなど多くの分析手法を用いて正しく分析し、出てきた問題点を改善する対策を進めなければならない。

［10］Step4　原因撲滅

要因の分析と対策を行って得られた結果を設備の条件に結びつけ、品質不良がゼロになるまで改善を繰り返す。そして、ゼロになった時の条件をQコンポーネント、Qポイントとして明確化し、それを計画保全および自主保全に通知する。

計画保全ではQコンポーネントを保証するために、設備の精度と性能についてQMコンポーネントとQMポイントを設定する。自主保全では、運用中の標準作業手順書（SOP）に、Qコンポーネントを保証する項目の追加を行う。この品質保全、計画保全、自主保全を３メンテナンスシステムという。

［11］Step5　条件設定

３保全で管理する項目が決定されたものをまとめて標準化するのが、条件設定である。したがって、設備については定量値で示されているか、標準作業手順書では追加された項目の品質と安全が確保されているか、をチェックすることが大切である。

[12]Step6　条件改善

条件設定が一旦決まっても、標準化する前に条件改善を行う。この目的は、条件設定が現場で実施が可能かどうかチェックするもので、設定が厳しすぎて対応不可能となった場合、対応策を検討し対応可能な条件を見つけ、かつQコンポーネントを達成するまで繰り返し、決定される。

[13]Step7　条件管理

条件改善で可能となったQMコンポーネント、そして、新らしい標準作業表が正しく行われていることをチェックする。

判定基準を外れた項目が発生した場合は、トラベルシートを発行し、関連部門でアクションを取ってもらうよう依頼する。また、Qポイント、QMポイントのチェック項目を設定し、日常点検、定期点検により正しく管理が行われ、品質不良ゼロが継続されていることを確認する。

[14]Step8　結果

クレームゼロ、工程内品質不良ゼロが達成できたものについては、QAマトリックスの品質不良対策項目について、多くの改善例を作り上げ、エレメントアナリシスシートを作成する。この方法は、過去に起こったあるいは、現在起こっている品質不良に焦点を当てた改善であって、QAマトリックスにない不良については、次のようなアクションを取ることが大切である。

(ⅰ)MP情報：過去に起こった品質不良から類推される項目の抽出

(ⅱ)同業他社、あるいは他企業で起こった品質不良情報から抽出された項目の反映

(ⅲ)関係者によるブレーンストーミングなどで得られた項目から、実証実験を通して抽出された重要な項目の追加、など

エレメントアナリシスシートを完成させ、管理項目の見直しと判定基準の見直し、点検方法の見直しを行う。

[用語解説NO.13]MP（Maintenance Prevention）情報のフィードバック

本来は、設備の開発設計者に対してメンテナンスが容易にできる設備を開発して貰うために、現場の困っていることを伝えるために作った仕組みであるが、現在は、スタッフ原因で生産上発生している課題に対し、現場の意見を含めてスタッフへ提案する貴重な情報となっている。そのため、設備保全、設備故障、工程内不良などの問題点について情報提供する手段として用いられている。

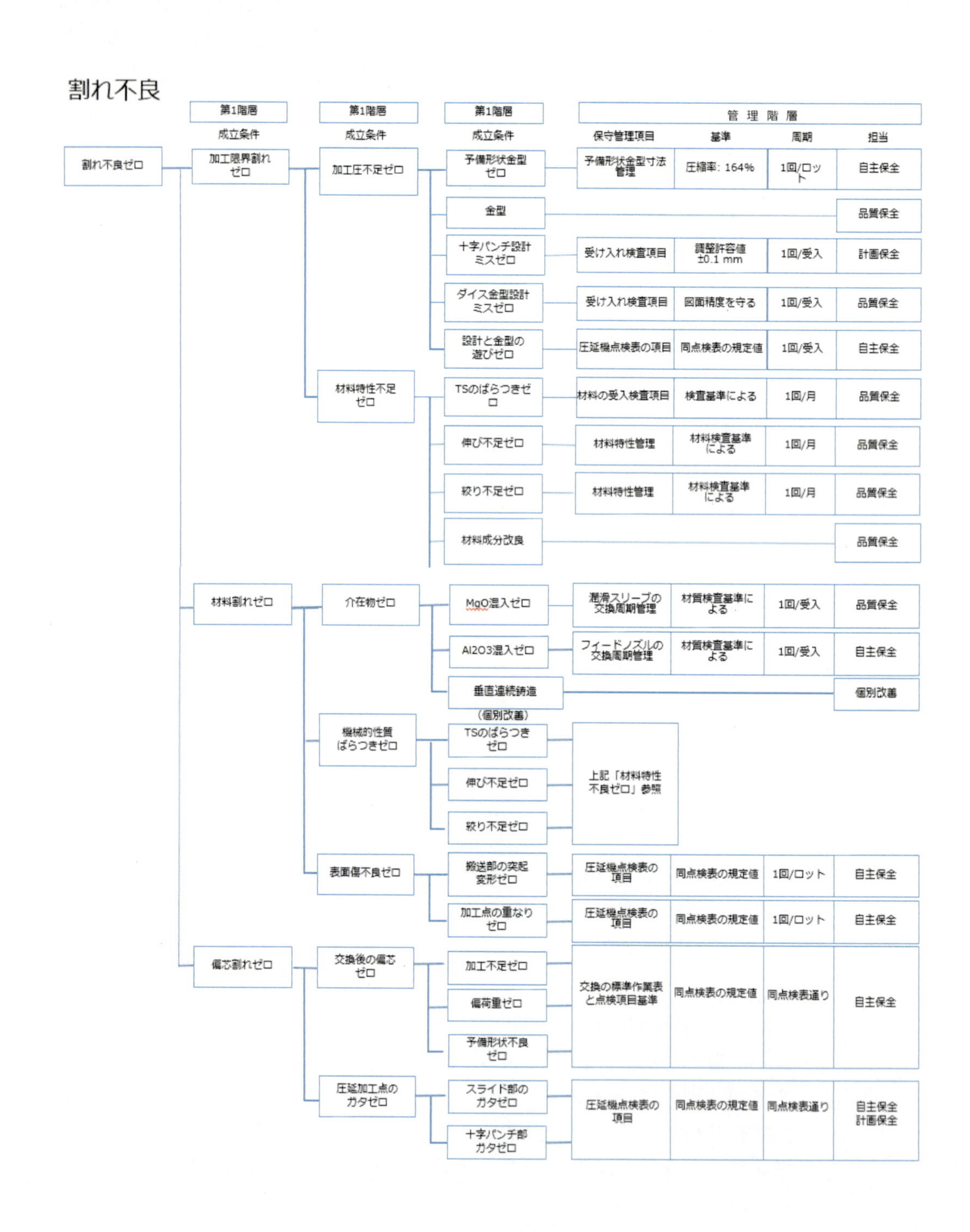

図38　エレメントアナリシスシート

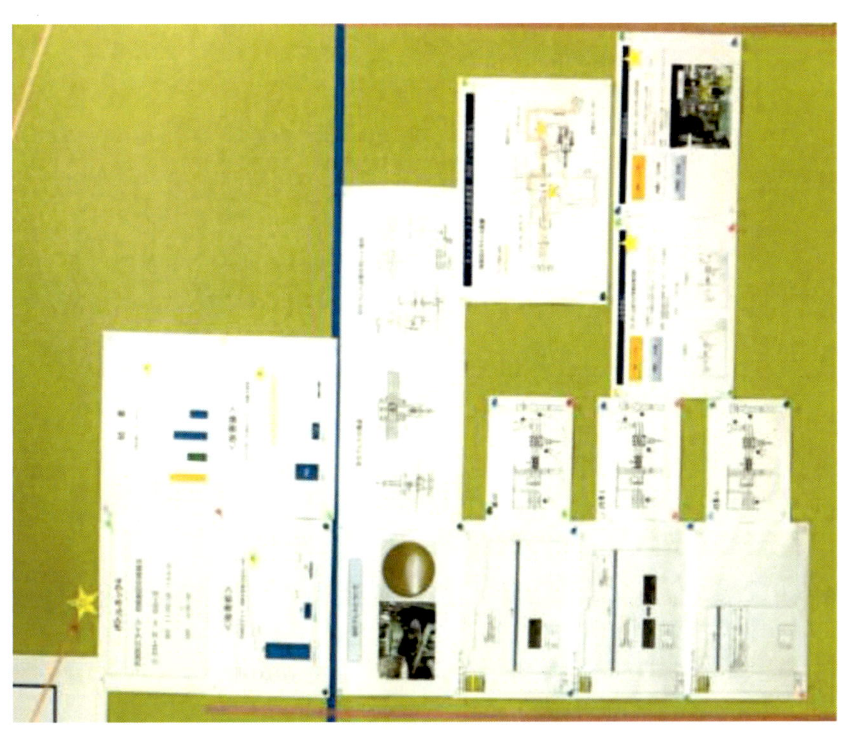

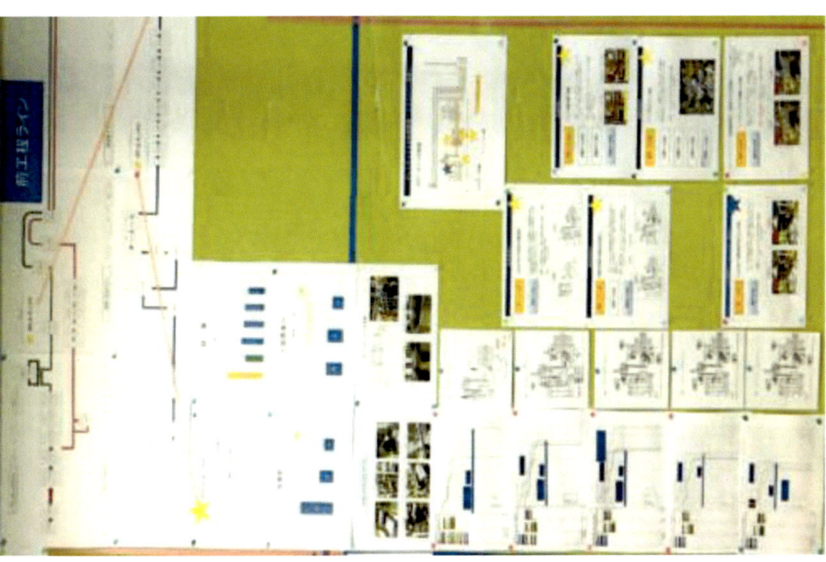

図39　PMS活動事例　出典：日鉄住金ドラム（株）

第３章　今後への展望

今まで記述してきたことは、現在企業が直面している課題を克服して利益の出る体質に変貌させるにはどうしたらよいかが中心だった。しかし、世の中は日々大きく進歩している。その一翼を担っているのがＩＴ化である。ＩＴ化に取り組みそして成功させるためには、先ず土壌づくりが不可欠であり、そのための課題を列挙したい。

（1）『モノの見方と考え方』を変える

毎日のように耳にするＡＩとかＩｏＴという言葉が今後必ず企業の中に入り込んで中心的な役割を果たすと思っている。その時に今のままの企業活動をＩＴ化するとどうなるのだろうか？

残念ながら一般的に言うと多くの企業は最も効果的に１００％良品を作り続けているケースは極めてまれである。もっと言えば現在の生産活動は異常を正常に戻すことが中心になっていないだろうか？これはどこに原因があるのだろうか？

① 生産活動に追われ問題点を見つけて改善する時間が無い。
② 問題点が見つけられない。改善の仕方が判らない。
③ 問題点や改善をする力を教育していない。

これらは全部言い訳だと思うが、この負のスパイラルを正のスパイラルに変えることを前述したが、先ずは『モノの見方と考え方』を変えることが大切である。

（2）『全員参加』で『ラクラクリズミカルに仕事ができる』現場づくり

現場には全ての課題が横たわっているのだから、先ずは現場が『ラクラクリズミカルに仕事が出来る』ようにすることが第２番目にやることだと思う。現場の第一線で働いている人に『あなたの行っている仕事はここに問題がある』ことを知らせ、共に協力して改善していく風土を作り、『全社員参加』で一丸になることだ。

（3）『あるべき姿』（理想の姿）を描く

この風土が出来たら各職場毎に『あるべき姿』（理想の姿）を描き、その道程を作り、着実に進んでいくことが大切である。山登りで高くなれば高くなるほど景色が広がっていくことを思い出して欲しい。

これらの環境整備を行い、そしてＩＴ化を進めた以下に３つの事例を紹介するので参考にしていただきたい。

事例１：営業、経営そして開発部門が協力して顧客ニーズにマッチした新商品を開発するためのＱＦＤ（Quality Function Deployment）
事例２：生産現場でＲＦＩＤタグを活用した改善例
事例３：研削焼け検知システム事例
事例４：生産現場で今後ＩＴ化が考えられる項目

ＴＰＭとＴＰＳの融合は、ものづくりを革新的に前進させる可能性を秘めており、ＩＴ化を手段としてその実現を期待したい。

事例１　営業、経営、そして開発部門の協力によるQFDの活用

現場の課題を改善した現在の姿を《めざす姿》とすれば、それを《あるべき姿》へ変革するための目標設定、課題抽出、そしてやるべきことを明確化する必要性がある。それを実現する手段としてQFD（Quality Function Deployment 品質機能展開）を紹介する。

QFDを活用して開発された新技術、新構造を用いた商品、すなわち会社ステータスを具現化した商品を安定して量産できる現場となった後に、ＡＩ＆ＩｏＴの活用を進めれば、ＩＴシステムも単純で使いやすいものになり、ＩＴ化の恩恵を最大限享受出来るようになるのである。つまり忘れてならないことは、ＡＩもＩｏｔもあくまでツールであることだ。ＡＩやＩｏＴの活用は目的ではなく、効率的に目的を達成するための手段である。このことを理解せず、ＩＴ化を急ぐあまり、《あるべき姿》を追求せずにＩＴ化に取り組んでしまい、期待した成果を挙げることができず、時間と費用を浪費しないよう肝に命ずるべきである。

なお、以下に示すQFDに関する資料は、MOST合同会社（代表山口和也氏）のホームページに掲載されている内容の一部を使用させていただきました。

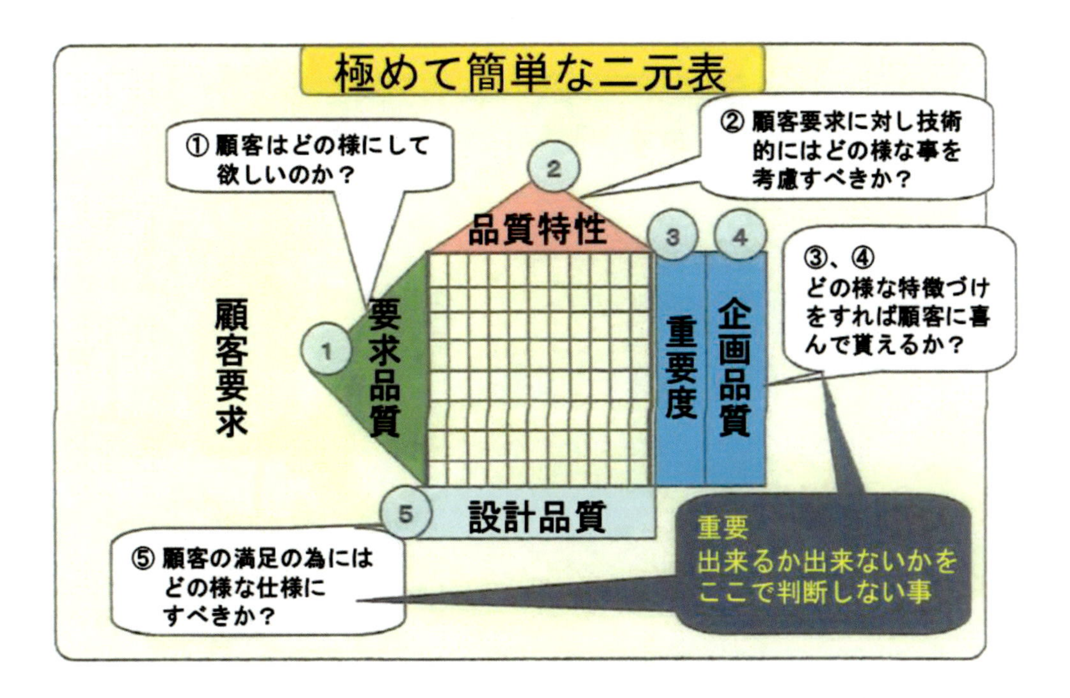

STEP1：要求品質の作成

顧客の声を集め、要求品質としてまとめる。

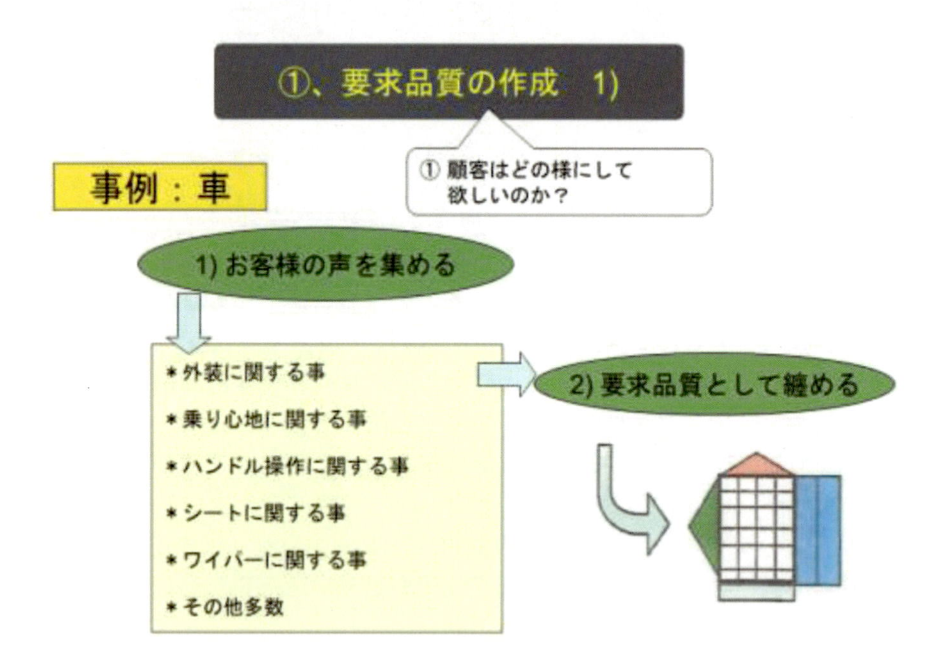

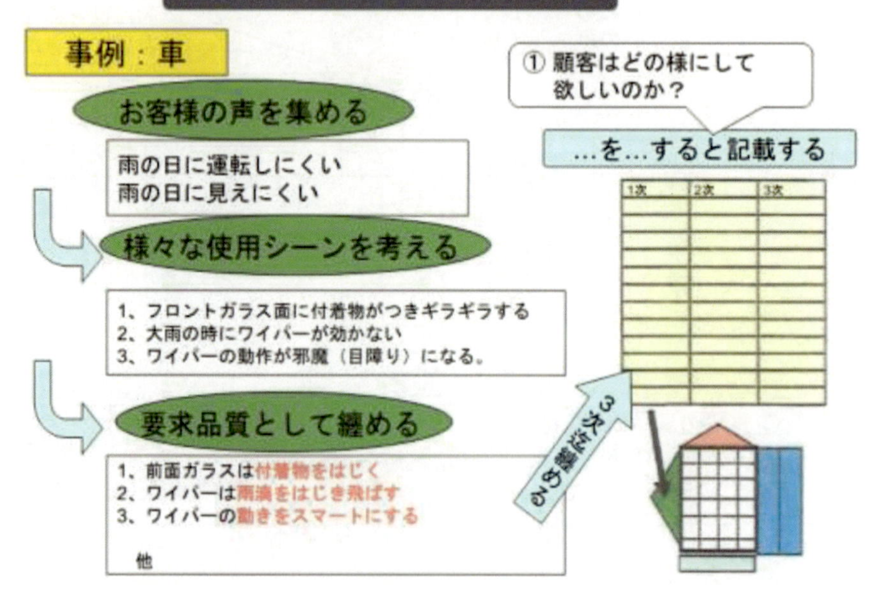

STEP2：企画品質の作成

要求品質の重要度と自社の特徴、他社との区別化を考慮し、独自性のある自社ならではの企画品質を決める。これが会社としてのステータスを決めることになる。

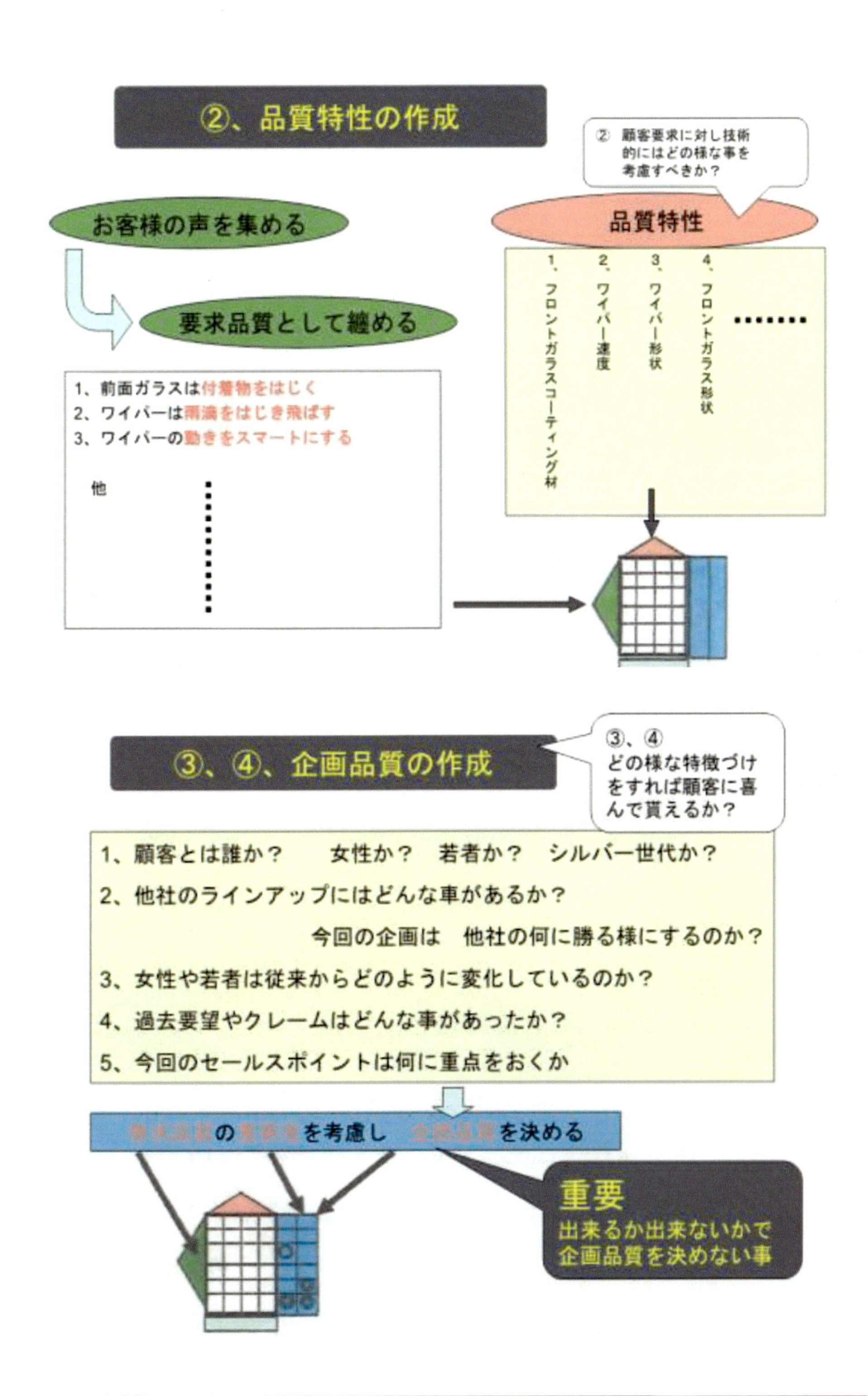

STEP３：技術課題の明確化

企画品質を満足させるための設計品質をまとめ、技術課題を明確化する。

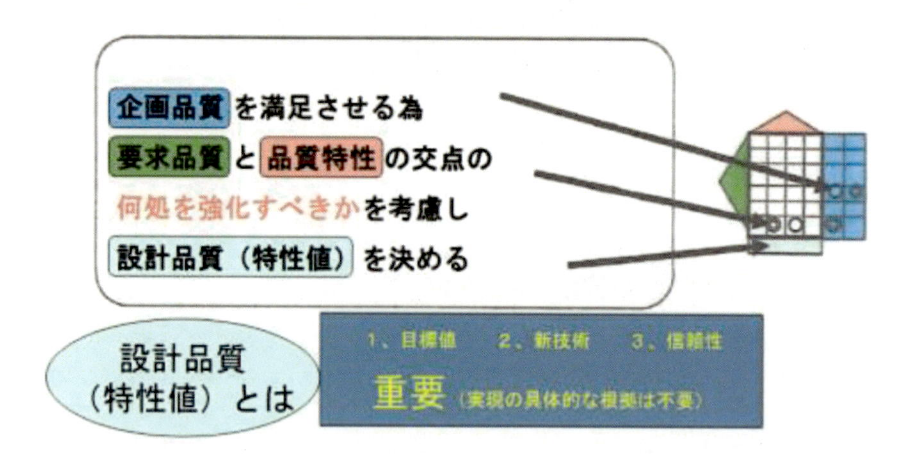

STEP４：技術開発目標の明確化と開発の実行

技術課題の解決に必要な新技術、新構造など開発の目標を明確化し、実行する。ここで忘れてならないことは、開発目標の達成を確認する評価技術も併せて開発しておくことである。

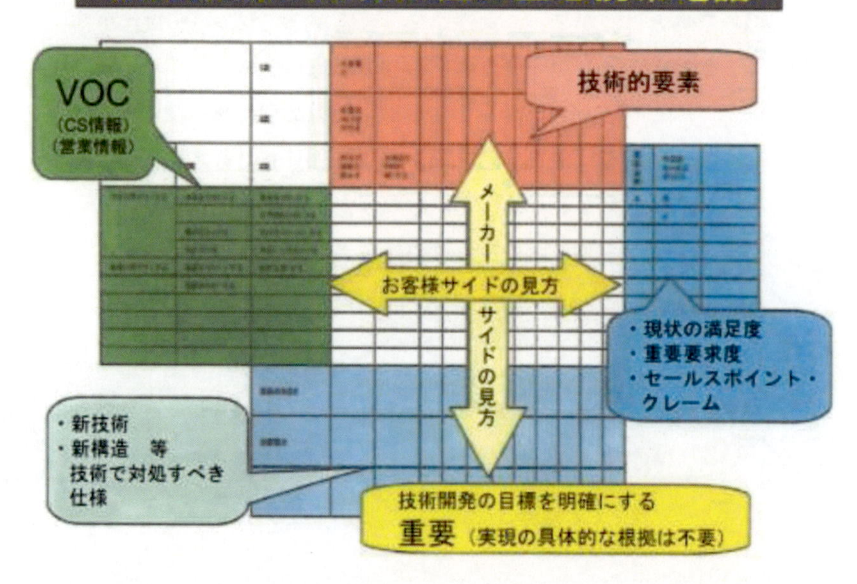

QFDは実際どのように使われるか

1、顧客要求（顧客の要望する商品に対する品質、周囲の期待）

商品企画　…　顧客の声（VOC）、自社の売り物（技術）
研究開発　…　自分達が研究している事は、どのような事
（お客様の要望する品質）を期待されているか！
通常の仕事　…　自分達の組織は、自分は　周りや関係者に
何を期待されているのか！

2、品質特性（技術的要素）

商品企画　…　期待に応える為に技術的に、どのような事が出来たら良いか？
研究開発　…　期待に応える為に技術的に、どのような事が出来たら良いか？
通常の仕事　…　期待に応える為に、どのような手段で実現していくか

3、顧客の要求や喜ばれる事を、他社の状況や自社の特徴等も考慮し、重要度を決定し、個々の部品や信頼性などの設計品質を確保し、
お客様に喜ばれる売れる商品づくりの目標を明確にする

QFD・・・・一言で言うと　目標の明確化

QFDとは（まとめ）

＊顧客の要望に添い、
＊技術的にどんな事を実現出来たら、
＊お客様の要望する品質を確保でき、
＊喜んで買えるかを明確にする方法。
＊その後　設計品質（目標）を明確にする方法

特徴
漏れのない検討が出来る

商品企画段階を始め様々な検討に於いて、
お客様の要求する事柄（品質）を
商品創りに反映させ、
売れる商品創りをするのに最適な方法

事例２　生産現場でＲＦＩＤタグを活用した事例

各種の管理手法を活用してきたはずの現場改善だったが、現実は多くの問題を抱えている。

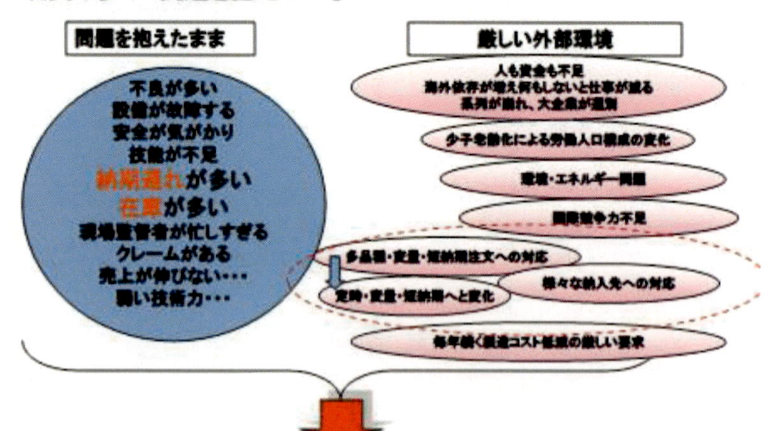

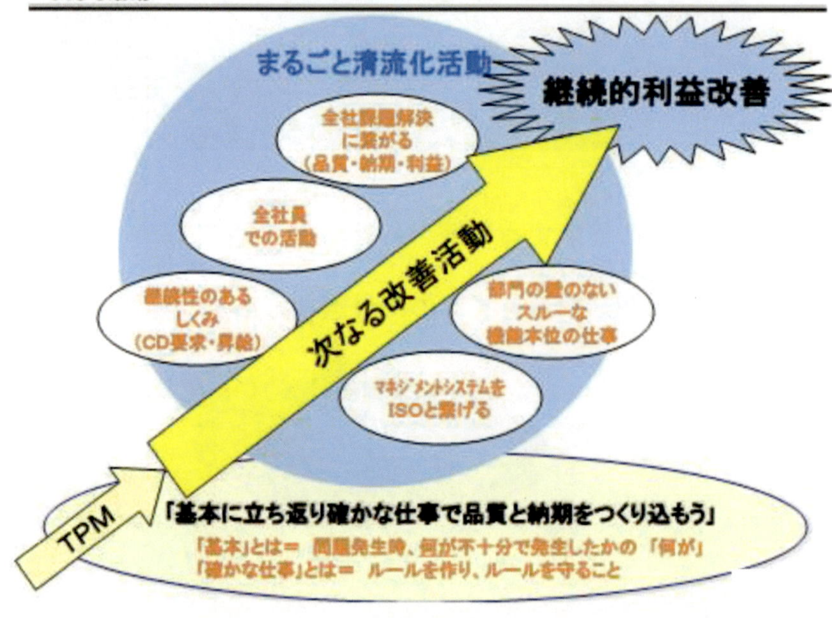

どのように進めたらよいか

優れた手法であるTPM等の改善手法であっても、すぐには解決できない。
また経営成果に繋がっているか、すぐには見えない

<重要なポイント>
従業員がやる気を出して、日々の仕事の中で継続して改善ができ、
経営成果を生み出せる「しくみ」が必要

よく見えて分かると → 正しい判断がその場で出来て → 直ぐに行動が生まれる

工場まるごと「見える化」＝可視化を徹底する

モノ（製品）と情報の一元化がキー

モノと情報の一元化を図る手段が登場 RFIDタグ（無線ICタグ）

○半導体のメモリ内に格納されたID情報を無線を介して利用する。
○情報の"書き込み"と"読み取り"が可能（バーコードでは不可）
○それが瞬時に出来来、手間がかからない
○扱える情報量が多い。処理能力もある。

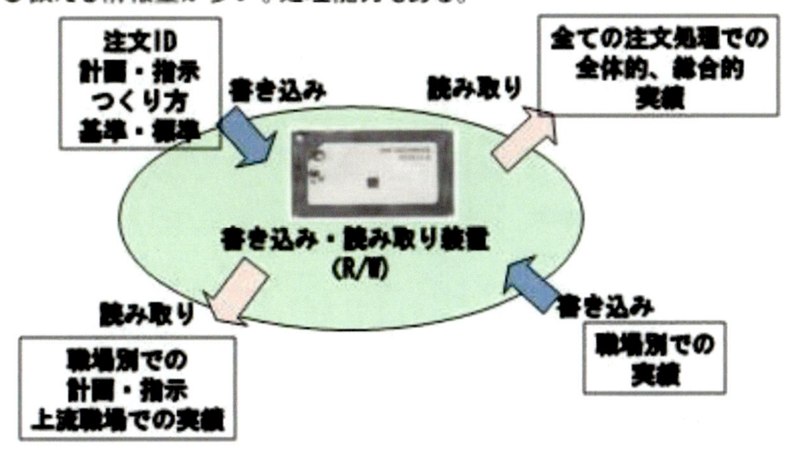

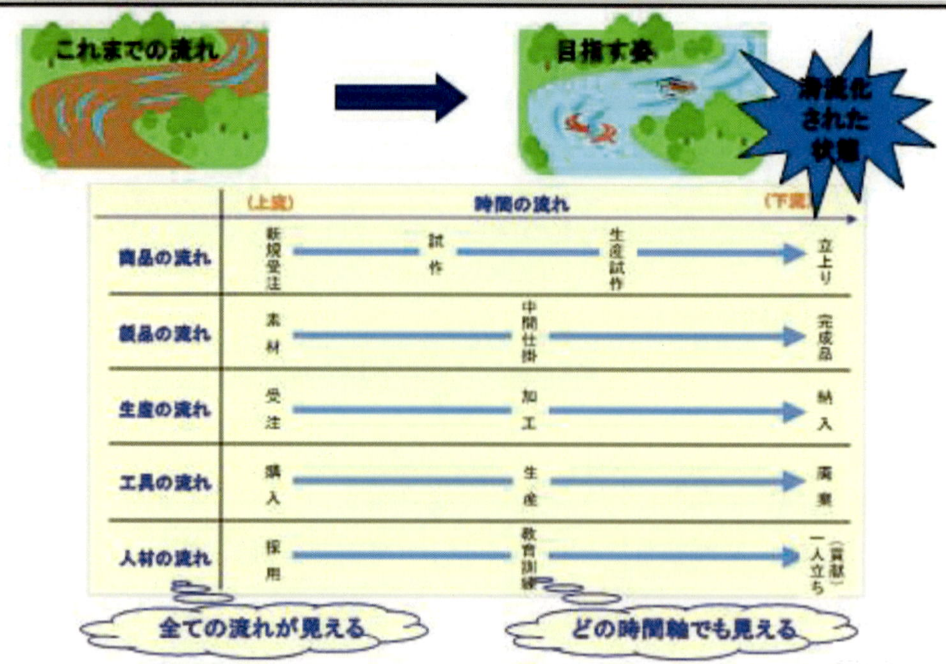
活動の基本＝全ての流れの清流化
これまでの流れ
目指す姿
清流化された状態
(上流)
時間の流れ
(下流)
商品の流れ
新規受注
試作
生産試作
立上り
製品の流れ
素材
中間仕掛
完成品
生産の流れ
受注
加工
納入
工具の流れ
購入
生産
廃棄
人材の流れ
採用
教育訓練
一人立ち(貢献)
全ての流れが見える
どの時間軸でも見える
清流化とは・・・あらゆる仕事の流れ、全て手にとるように見えるように改善すること

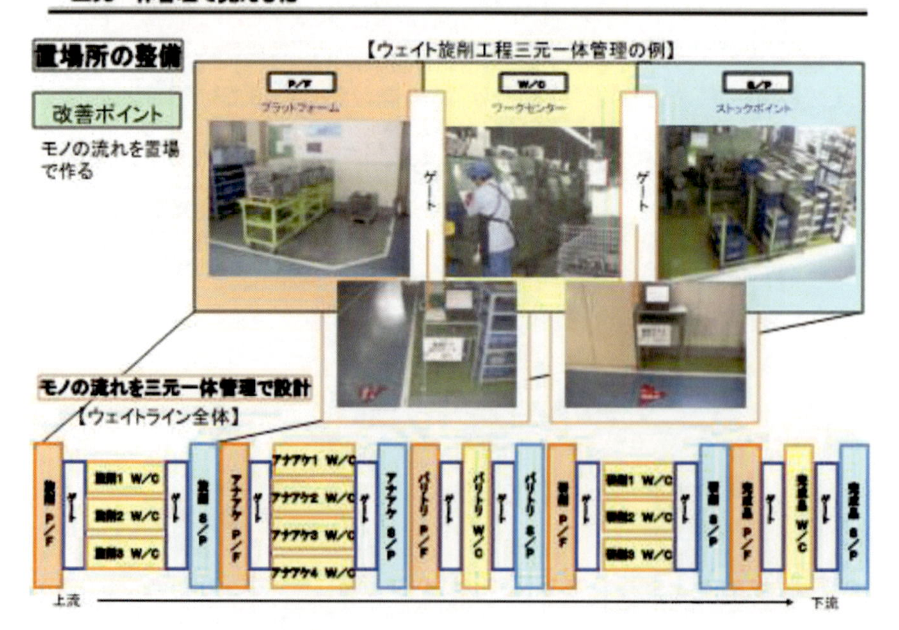
三元一体管理で見える化
置場所の整備
改善ポイント
モノの流れを置場で作る
【ウェイト旋削工程三元一体管理の例】
P/F
プラットフォーム
W/C
ワークセンター
S/P
ストックポイント
ゲート
ゲート
モノの流れを三元一体管理で設計
【ウェイトライン全体】
上流
下流

《現場への生産指示書》

Layout to improve visibility of flow of items via "first-in and first-out chart"

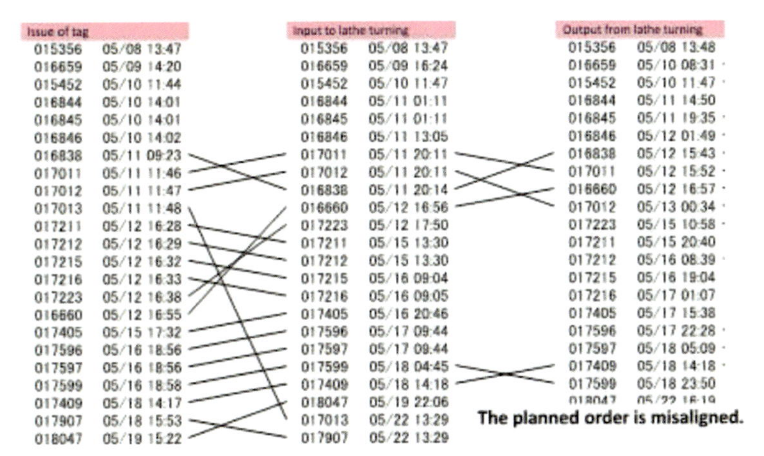

This kind of problem becomes visible!

《流動数曲線》

Creation of data on the manufacturing process, and layout to improve visibility

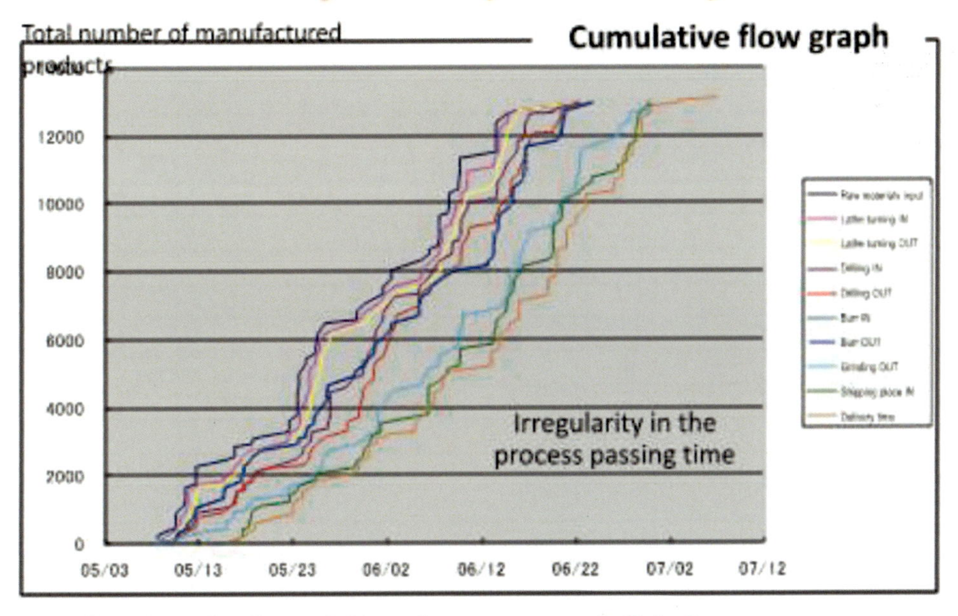

This kind of problem becomes visible!

《納期遵守率》

Results of delivery time

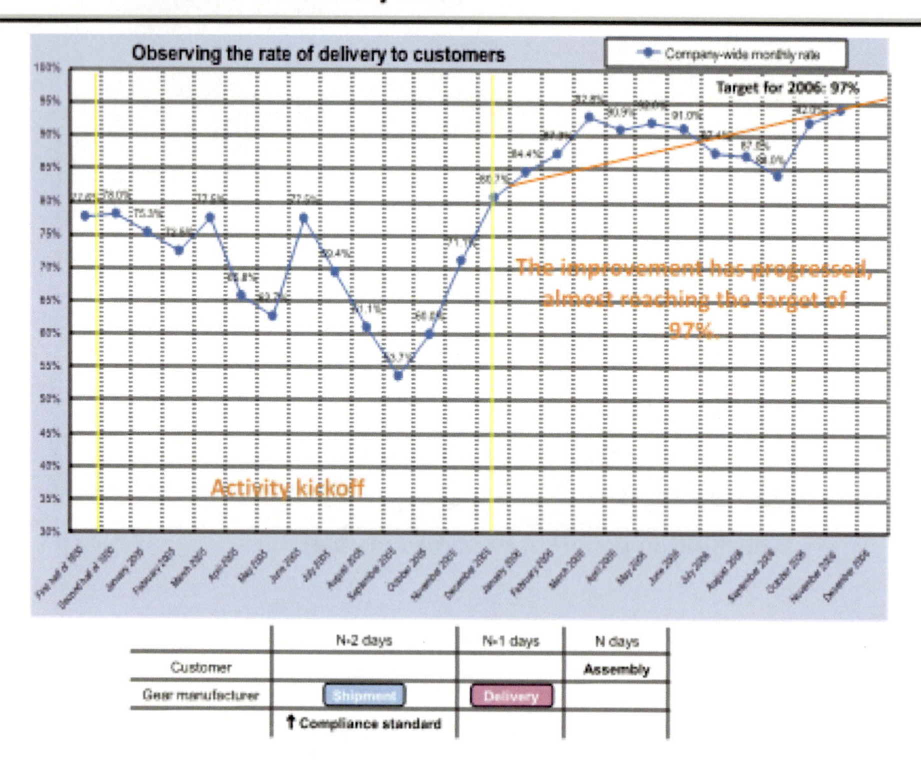

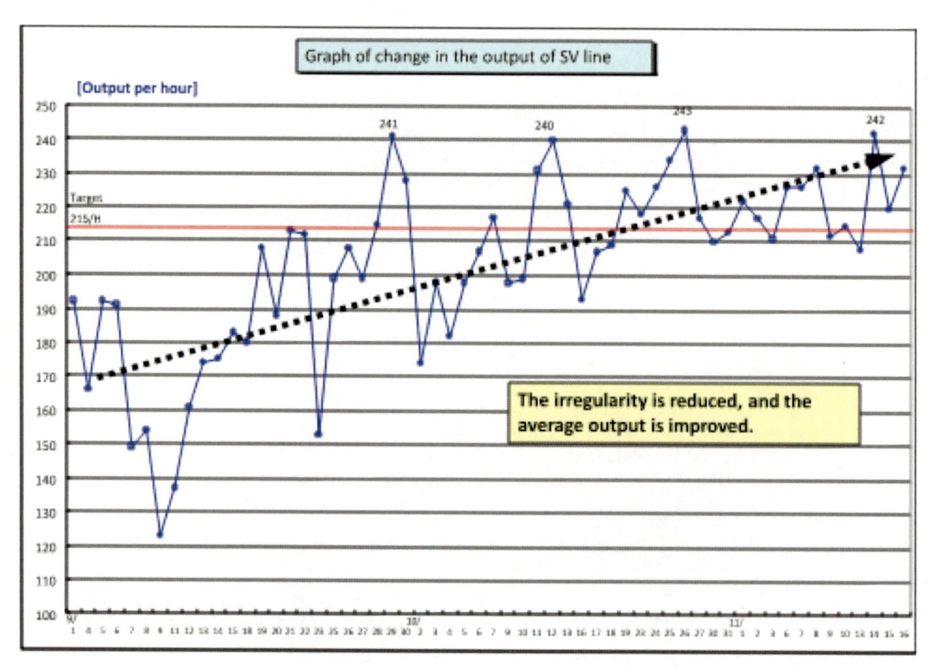

事例３　研削焼けを検知するシステムを開発した例

○研削焼けを検知するシステムを開発

研削焼けを検知するシステムの開発を推進しています。研削焼けとは、熱によって金属組織が変質し、軟化してしまう不具合。目視では発見しづらく、検査工程で初めて判明するケースも少なくありません。一度発生すると機械を止めて前後の加工対象物も検査する必要があり、生産効率に多大な影響をおよぼします。

○学習を繰り返し、成長するシステム

開発しているシステムでは、研削盤に設置したセンサーから収集したデータを、データ蓄積・解析モジュールを活用して蓄積・解析し、研削焼けの有無を判定します。解析は独自開発のソフトウエアで行い、そこには人のノウハウも組み込みます。結果をフィードバックすることで学習を繰り返し、判定精度が向上していくことも特徴です。

研削状態監視による加工不良レス設備の提案

データ収集
研削盤
● モータ負荷
● 位置偏差
● 振動
● クーラント流量　など

エッジ
コンピューティング
データ蓄積・解析モジュール
TOYOPUC-AAA
● リアルタイム監視
● 解析エンジン搭載

必要情報のみ上位へ

学習結果を反映

データ解析
ビッグデータサーバ
● 独自開発の解析エンジン
● 人のノウハウ
● 学習を繰り返すことで判定精度向上

「今は加工後に判定している段階ですが、将来はさらにデータ・知見を蓄積し、加工前に研削焼けなどの予兆を知らせることにより、加工異常が起きないようにする仕組みを実現し、導入されたお客様の品質不良防止に貢献していきたいと考えています。」（加藤）

「品質不良を防止することにより、設備を効率良く稼働させ、省エネや生産コスト削減が図れます。今後も『機械』『加工技術』『制御技術』を組み合わせた付加価値の高い技術に取り組み、生産性向上に貢献していきます。」（疋田）

出典：株式会社ジェイテクトウエブサイト TOP＞CSR＞特集＞ジェイテクトが提供する価値＞品質の IoE

https://www.jtekt.co.jp/csr/pickup08.html

事例４　生産現場で今後ＩＴ化が考えられる項目

受　注

① ＱＦＤによる顧客ニーズの把握
② 企業としてのステータスの決定
③ 品質水準の決定
④ 開発技術の確立
⑤ 評価技術の確立

生産計画

① 営業情報の電算化
（全工程計画順序生産）注文順序生産
② 生産に必要な全ての手配の電算化
③ 原材料は定時定量でまたは変種変量でライン側に配送
④ 必要部材は３ヶ月生産計画提示から１ヶ月発注そして３日間納入

生産準備

① 生産現場の生産能力を全て把握
② 設計部門から引き渡された新製品の生産を生み出す技術（生産技術、製造技術）や工法を参考に生産に移すか否かの判断
③ 決められた納期までに生産量を確保してＱＣＤを生み出すラインの構築

生　産

① RFID タグを用いた SAP、EMS システムによる生産管理の流れを作る
・ものの流れをつくる（段替え改善）
・工程の流れをつくる（半製品の仕掛減）
・設備故障ゼロの流れをつくる
⑴ 異常を正常に戻すフィードバックループ
⑵ ノータッチ、ノーストップ
⑶ メンテナンスフリー（BM-TBM-CBM、ユニット交換、ブロック交換）
② 品質不良ゼロの流れをつくる
→エレメントアナリシスシートによる全品質の管理を行い、異常で設備は停止し、品質には影響を与えない。
自主保全＝Q コンポーネント／Q ポイントの管理を全て行う
③ 情報の流れをつくる

物　流

① 混載；定時、定量～変種、変量
② 帰り便の有効活用
③ お客様からの飛び入り注文→緊急オーダへの対応力アップ
④ 配達と注文の同時受付

《 参考文献 》

[出典1]：トヨタ生産工場の仕組み　青木幹晴　著（日本実業出版社）

[出典2]：アスプローバ株式会社 Asprova の活用例「リードタイム短縮の手法」
http://www.asprova.jp/asprova/img/movetiming_s.gif

[出典3]：TPM ページ
http://www.asahi-net.or.jp/~YM8H-OGW/tpm-33Cit-7.htm

[出典4]：出典：モノづくりスペシャリストのための情報ポータル MONOist
http://monoist.atmarkit.co.jp/club/print/print.php?url=/fpro/articles/qm/02/qm02b.html&print_siz=

[出典5]：公益社団法人全日本能率連盟応募論文　製造体質革新のための技術：TPM
http://www.zen-noh-ren.or.jp/conference/pdf/047b.pdf#search=%27QM%E3%83%9E%E3%83%88%E3%83%AA%E3%83%83%E3%82%AF%E3%82%B9+%E4%BD%9C%E3%82%8A%E6%96%B9%27

[出典6]：QFD に関する資料　MOST 合同会社（代表 山口和也氏）
http://www7b.biglobe.ne.jp/~most/qfd140419.pdf

[出典7]：株式会社 ジェイテクト ウエブサイト
TOP＞CSR＞特集＞ジェイテクトが提供する価値＞品質の IoE
https://www.jtekt.co.jp/csr/pickup08.html

索引

A－Z

ＡＩ, 54, 55
ＢM, 41
DMS, 1, 25, 28, 30, 32
FMEA, 50
FTA, 50
ＩoT, 54, 55
ＩＴ化, 54, 55, 66
JIT, 15
KAI, 5, 11, 12, 41
KMI, 5, 11, 12, 13, 25
Know Why Sheet, 33
KPI, 5, 11, 12, 13, 22, 27, 41, 43
MTBF, 41, 43
MTTR, 41, 43
OPL, 4, 41
PDCA, 4, 9, 20
PFD, 1, 20, 21, 24, 25, 27, 28, 45
PMS, 1, 25, 32
ＰＭサークルボード, 4
Ｐ－Ｑ－Ｃ－Ｄ－Ｓ－Ｍ－Ｅ, 12
QA マトリックス, 51
ＱＦＤ, 23．54，５５．66．６７
QM コンポーネント, 22, 23, 50, 51
QM ポイント, 22, 50, 51
QM マトリックス, 35,50
Q コンポーネント, 22, 23, 38, 45, 46, 47, 50, 51, 66
Q ポイント, 22, 50, 51, 66
ＲＦＩＤタグ, 54, 60
SOP, 14, 20, 22, 50
TPM, 1, 2, 3, 4, 9, 14, 15, 16, 17, 19, 21, 23, 24
TPS, 2, 15, 16, 24

あ

安全・衛生・環境, 3, 4
運転管理条件表, 48
MP 情報, 51
エレメントアナリシスシート, 42, 43, 51, 66

か

開発管理, 3, 4, 15, 22, 23
活動板, 1, 4, 6, 7, 8, 9, 10, 11, 14, 24
活動指標, 5, 41
活動方針, 4
仮基準, 19
ガントチャート, 30
管理間接部門, 3, 4
教育及び訓練, 3, 4
経営指標, 5, 11
計画順序生産, 66
計画保全, 1, 3, 4, 15, 21, 22, 42, 50
軽故障, 34
工場原価, 3, 17, 24
５原因分析, 38
故障ランク, 34
個別改善, 1, 3, 4, 6, 7, 9, 17
困難箇所対策, 19

さ

災害ゼロ, 20, 22, 45
サイクルタイム, 25, 30, 31
三種の神器, 14
3 保全の連携, 1, 22
自主点検, 19
自主保全, 1, 3, 4, 6, 8, 9, 10, 15, 19, 20, 21, 22, 50, 66
質の改善, 17
自働化, 15, 25
シャットダウンメンテナンス, 21, 43
重故障, 34
重要度区分, 34
正味作業, 28, 29, 30
初期清掃, 19

初期流動管理, 33, 45
深化, 1, 2, 15, 16, 17, 19, 20, 23, 25
進化, 1, 2, 15, 16, 24, 25
ステップ展開, 1, 3, 7, 9, 18, 19, 32, 42, 45
スパゲッティチャート, 29, 30
成果指標, 5, 25, 27, 41
正のスパイラル, 40, 54
整流化, 25, 28
セッションボード, 4, 6
設備故障ゼロ, 1, 4, 10, 20, 22, 24, 25, 32, 33, 44, 45, 50, 66
ゼロ故障マシン, 33
全員参加, 1, 2, 3, 4, 54

た

ダイレクトマニュファクチャリングシステム, 25, 28
段替え改善, 1, 28, 66
単能機化, 20
注文順序生産, 66
定期保全, 41, 42
定時定量, 66
トヨタ生産方式, 2, 15, 24, 25
トラベルシート, 21, 51
中故障, 34

な

なぜなぜ分析, 50
２保全の連携, 21

は

パーフェクトマニュファクチャリングシステム, 25, 32
８本のピラー, 3, 4, 6, 15
発生源, 19
歯止め, 19, 42
パレート分析, 35, 37, 49
PM 分析, 50
標準化, 15, 19, 20, 42, 50, 51
標準作業組合せ表, 28, 29, 30
標準作業手順書, 50
標準作業票, 29, 30
品質不良ゼロ, 1, 4, 20, 22, 24, 25, 32, 44, 45, 46, 51, 66
品質保全, 3, 4, 15, 22, 50
付随作業, 28
付帯作業, 28, 29, 30
負のスパイラル, 39, 54
ブレーンストーミング, 51
分解保全, 43
平均故障間隔, 41
平均修理時間, 41
変種変量, 66
ベンチマーク, 41
保全技能士, 41
保全点検, 21
ボトルネック, 24, 28, 30, 31

ま

マシンタイム, 28, 30
マネージメントボード, 4, 5, 6
ミーティング, 1, 4, 14
見える化, 1, 4, 5, 6, 11, 20, 24
未然防止, 43

や

予知保全, 42, 43
４保全の連携, 23

ら

ラインバランス, 20
ラクラクリズミカル, 54
リードタイム, 16, 24, 25, 30
量の改善, 17
レイアウト, 29, 30
ロスコストマトリックス表, 17, 25

わ

ワンポイントレッスン, 1, 4, 14

あとがき

小生が現役時代に、何か問題が起こりそれを解決すべく文献や参考書を探すことがあった。勿論、適切な参考書を得て大変助けられた経験も多くあったが空振りに終わったケースもあった。管理技術を例にとっても、種々の手法があり、それぞれが理にかなったものであり、どの手法を使ったらよいか迷ったこともあった。その悩みを手助けしてくれたのが TPM と TPS だった。特に TPS は、1973 年（昭和 48 年）から始まったオイルショックで会社が大打撃を受けた時、毎月工場の指導に来て、まるで自分の工場であるかのように接してくれて強い情熱と TPS の管理技術を私の体に染み込ませてくれたことは一生の財産だと思っている。本書の作成にあたっては、お世話になったトヨタ自動車の方々へのご恩返しのつもりで筆を執らせていただいたことを記させていただきたい。

最後に、このようなことが起こらないように、本書の作成に当っては充分考慮したつもりだが、読者の皆様がどう感じたか気になる。これを防ぐために、今後各地で講習会と実習を計画していく予定である。そして皆様からのご意見を参考に本書を充実していきたいと考えている次第です。

村瀬　由堯（むらせ　よしたか）

1936 年生まれ。'59 年早稲田大学工学部機械工学科卒業。同年、横浜ゴム株式会社に入社し、車両用タイヤ生産技術革新および新工場起ち上げを掌握。'95 年常務取締役タイヤ管掌代理（タイヤ生産本部長 兼 タイヤ生産技術本部長）に従事。'96 年浜ゴムエンジニアリング㈱代表取締役社長を経て '00 年㈳日本プラントメンテナンス協会に入職。'04 年同理事。ＴＰＭ優秀賞審査委員として活躍中。

ＴＰＭに関するお問い合わせ先
公益社団法人　日本プラントメンテナンス協会
ＴＥＬ03-6865-6081
ＦＡＸ03-6865-6082

ものづくり講座
アドバンスドーＴＰＭの考え方・進め方
－ＴＰＭとＴＰＳの融合による進化と深化－

2018 年４月30 日　初版発行
2023 年８月２３ 日　第2版第2刷発行

著　者　公益社団法人 日本プラントメンテナンス協会
技監・TPM 優秀賞審査員
村瀬　由堯

定価（本体価格 1,900 円＋税）

発　行　株式会社　三恵社
〒462-0056　愛知県名古屋市北区中丸町２丁目２４－１
ＴＥＬ　052 (915) 5211
ＦＡＸ　052 (915) 5019
ＵＲＬ　http://www.sankeisha.com

乱丁・落丁の場合はお取替えいたします。
ISBN978-4-86487-872-2 C3058 ¥1900E